Réécrire LA VIE

ANDRÉ
CHOULIKA

Réécrire LA VIE

La fin du destin génétique

Hugo Doc

Ouvrage dirigé par Sophie Descours
Graphisme de couverture : Ariane Galateau

Département d'Hugo et Cie
34-36, rue La Pérouse, 75116 Paris
www.hugoetcie.fr

ISBN : 978-2-75562-427-4
Dépôt légal : septembre 2016
Imprimé en Espagne par Blackprint

À Marie-Bleuenn qui a réécrit ma vie et mon bonheur.

À Maxime, Victor et Zoé, mes enfants,
à qui je dédie ce livre car ils auront la chance
extraordinaire de vivre un XXIe *siècle passionnant.*

« Pourquoi jouer tant de notes alors qu'il suffit
de jouer les meilleures ? »
Miles Davis

Préface

Il est aujourd'hui courant d'entendre parler d'ADN. Pour identifier les individus les uns par rapport aux autres, bien sûr. Mais aussi pour signifier l'essence même d'un être. Ou même parfois, plus curieusement, celle d'une chose ! Comme avant on parlait de sang pour désigner l'hérédité, la lignée. « C'est écrit dans son ADN » est devenue une expression usuelle, suggérant un destin implacable. Au plan scientifique, c'est bien l'ADN, et non le sang, qui est le vecteur de l'hérédité. Aucun doute ne subsiste à ce sujet. Mais le poids de l'hérédité est-il implacable ? L'ADN que chacun de nous reçoit de ses parents – qui l'avaient reçu des leurs, etc. – est-il définitivement inchangeable ? La réponse est non. La nature ne se prive pas de le modifier sans cesse. Sans demander notre avis, évidemment. Elle le fait même intensivement. Par mutation ou par transfert de gènes entre organismes. Le résultat est parfois remarquable. Les organismes vivants évoluent. Mais parfois aussi délétère. Des maladies se déclenchent – comme les cancers – ou des anomalies héréditaires apparaissent. Alors, avec notre savoir, pourquoi ne pourrait-on pas nous aussi modifier l'ADN comme nous le souhaiterions ? Pourquoi ne pas réparer l'ADN de patients qui l'ont reçu déjà altéré de leurs parents, ou qui s'est altéré au cours de leur vie ? Les soigner génétiquement en quelque sorte. Traiter l'origine du mal et non plus seulement ses symptômes. C'est le point de départ de cet ouvrage. En 2024. Demain. Et puis, pourquoi ne pas accélérer l'évolution dans un sens qui nous serait utile ? Sur l'homme, ça pose beaucoup de questions, bien sûr. Mais il y a les plantes et les animaux d'intérêt agronomique ou environnemental. Pourquoi ne pas faire maintenant avec l'ADN ce que nous n'avons cessé de faire depuis le néolithique et que nous appelons domestication ? L'outil est évidemment infiniment plus puissant. Et doit donc être manipulé avec infiniment plus de sagesse. Car, si l'on pense pouvoir faire revivre des mammouths, alors pourquoi pas nos propres ancêtres ? C'est beaucoup plus perturbant.

L'auteur aborde tous ces sujets avec l'enthousiasme qui le caractérise. Parfois jusqu'à l'excès. Il se livre au lecteur avec une naïveté rafraîchissante. On lui laissera ses comparaisons entre l'ADN et la blanquette de veau ! Ou ses idées sur l'origine de la créativité intellectuelle dans les difficultés de la langue française. Ou encore celles sur la prétendue homogénéité des cerveaux des scientifiques. Mais on retiendra l'honnêteté intellectuelle avec laquelle il nous raconte l'aventure de la société de biotechnologie qu'il a fondée en 2001. Car c'est une épopée scientifico-entrepreneuriale que nous fait revivre cet ouvrage. Rapidement cotée en Bourse, avec une filiale à l'étranger, Cellectis – c'est son nom – a traversé une période très riche en bouleversements scientifiques dans son domaine de spécialité : la modification des génomes à visée biomédicale et biotechnologique. Depuis les premiers outils moléculaires – des protéines appelées méganucléases que j'avais découvertes et qu'André Choulika avait utilisées pour sa thèse – jusqu'aux méthodes actuelles, cette société a du suivre une ligne de crête difficile entre deux écueils majeurs. Celui du domaine incertain de la recherche, avec ses compétiteurs imprévus qui bouleversent tout du jour au lendemain. Et celui des résultats acquis qui mettent le domaine à la portée de tous, éliminant le besoin d'une société spécialisée. Cellectis trébucha, mais ne chuta point. Ses projets sont fascinants. La petite Layla, sauvée d'une leucémie, nous fait penser à Joseph Meister, 130 ans plus tôt, sauvé de la rage par Louis Pasteur. Et même si les recherches dans ce domaine sont probablement encore loin de leur aboutissement – comme ce fut le cas pour la rage –, on ne peut que se réjouir de l'immense espoir qu'elles apportent. Sans oublier, bien sûr, le cas personnel de Layla et sa famille. Et d'autres qui devraient suivre.

Les modifications dirigées de l'ADN n'en sont pourtant qu'à leur début. Aujourd'hui, on parle beaucoup d'édition du génome, en utilisant ce terme dans le sens anglo-saxon qui inclut l'idée de correction. Dans ce cas, on remplace un gène par un autre sans rien changer au reste du génome. Du coupé-collé d'ordinateur. Un gène défectueux, par exemple, sera remplacé par sa version active. Ou bien un gène néfaste par sa version inoffensive. On n'est plus dans la transgénèse des années 90 qui ajoutait un (ou plusieurs) gène(s) dans un génome sans trop se préoccuper du site de son intégration – l'intégration était parfois multiple – et sans éliminer le gène naturel. C'est la capacité de couper l'ADN, au sein même de la cellule vivante, en un site précis, unique dans tout le génome, qui nous offre cette nouvelle possibilité. Transformée avec un fragment d'ADN artificiel savamment construit pour offrir des séquences homologues à celles qui flanquent la coupure, la cellule répare la cassure de son génome en y intégrant, au site voulu, tout ou partie de cet ADN transformant. C'est un processus naturel, basé sur la recombinaison homologue de l'ADN, comme c'est expliqué dans l'ouvrage. Les applications sont potentiellement infinies et l'auteur nous offre ses réflexions personnelles sur leurs implications. Ce sont des protéines qui coupent l'ADN. Initialement des méganucléases, ensuite des nucléases artificielles, maintenant des nucléases impliquées dans un processus d'immunité bactérienne récemment découvert. Ce qui compte, c'est leur spécificité, c'est-à-dire leur capacité à couper l'ADN uniquement au niveau de la bonne séquence, en ignorant celles qui lui ressemblent ailleurs dans le génome. Cette spécificité est assurée par des interactions chimiques entre les acides aminés des nucléases et les nucléotides de l'ADN ou, pour le cas bactérien, par un petit ARN. Beaucoup plus facile à fabriquer que des protéines, ce nouvel outil est en train de mettre l'édition des génomes à la portée de tous.

Pour l'auteur de cet ouvrage, c'est la fin du destin génétique. Théoriquement en effet, on devrait pouvoir reconstruire des patrimoines génétiques impeccables. Pour soi-même comme pour sa descendance. Sauf qu'impeccable ne veut rien dire. En partie parce qu'il nous reste encore beaucoup de progrès à faire pour comprendre vraiment les génomes où les déterminants de l'avenir sont enfouis sous les traces du passé. Quoi corriger pour s'affranchir du hasard parmi des interactions qui restent à élucider ? Mais surtout parce que la nature n'a jamais fait ça. Tout ce qui existe dans le monde vivant, homme compris, n'est que perpétuellement imparfait. En quête d'un meilleur équilibre. C'est précisément ça, le génie de l'évolution.

Bernard Dujon
Professeur émérite à l'université Pierre-et-Marie-Curie et à l'Institut Pasteur
Membre de l'Institut de France (Académie des sciences)

Prologue

C'est l'histoire de Joseph. Ce matin du 4 avril 2024 laisse présager d'une jolie journée de printemps. Il fait quand même un peu frais dans Prospect Park, ce grand jardin de Brooklyn, l'un de ses endroits favoris à New York. Cela fait des années qu'il y fait son jogging quotidien. Il ne s'en lasse pas. Il fait 4 degrés ce matin, pas de quoi le surprendre. Il porte son indispensable chemise de sport moulante bio-tonic, fabriquée à partir des fibres d'une nouvelle avoine. Non seulement, elle le protège de cette fraîcheur matinale, mais, en lui comprimant les muscles, elle lui donne plus de puissance, évacue la sueur et lui fait perdre du poids.

Il n'a ni chaud ni froid. Il redescend Prospect Park, les arbres sont chouettes ; il file vers Garfield Place, où il habite avec sa petite famille, au n° 189, dans une de ces jolies maisons en grès rouge que l'on appelle *Brownstones*. Il est 7 heures du matin. Joseph n'a pas d'emploi particulier. Il a fait des études de sciences politiques à l'université de New York. Il n'a jamais vraiment bougé. Sa femme travaille dans une banque en tant qu'analyste financier. Lui perçoit un salaire universel de 3 220 dollars par mois, régulièrement réévalué, lui permettant ainsi d'avoir un train de vie confortable.

En cette journée du 4 avril, Joseph ne sait pas s'il est content ou non. Perception étrange. L'air frais qu'il respire ne pique pas comme à l'habitude. Il sait seulement que commence pour lui une journée particulière.

Chez lui, sa femme d'origine russe écoute Vladimir Poutine pérorer à la télévision. Toujours président intouchable et intraitable de la grande Russie, et richissime, le vieux tsar a rajeuni de quinze ans. Comme tous les milliardaires de la Planète, il a eu les moyens de recourir à un *bio lift* du tonnerre. Avec ses propres cellules iPS (cellules pluripotentes induites) stockées depuis 2016, on lui a élaboré une peau toute neuve de bébé. Le seul bébé que Joseph ne supporte pas. Il demande à sa femme d'éteindre la télévision, va s'asseoir sur son canapé. Il caresse sa petite cochonne Peggy, un micro-cochon fabriqué par une société chinoise. Il l'a acheté, il y a quelques années, pour 700 dollars ; c'est un cochon nain qui ne grandit pas, qu'il élève à la maison, et qui peut vivre une quarantaine d'années, sans *bio lift*.

Il va prendre son petit déjeuner. Depuis quelques années, Joseph mange essentiellement des céréales au blé sans gluten, une nouvelle sorte de blé, arrivée sur le marché récemment. Il avait toujours voulu manger sans gluten mais quand, comme lui, on adore les pâtes, qu'on ne peut se passer de pain, ce genre de privation lui semblait insupportable. Ce problème est réglé depuis qu'est apparue cette espèce de céréale dont le gluten a été enlevé. Il peut en manger tant qu'il veut en ayant l'impression de se sentir mieux. Une trouvaille, vraiment ! En plus, elle contient un sucre ultra-lent, converti en fibres, il peut ainsi lui faire perdre du poids. Idéal pour la résistance d'un marathonien comme lui.

De la résistance, il va lui en falloir aujourd'hui pour courir vers son nouveau destin. Il sort de chez lui après avoir pris une douche rapide, se dirige vers la nouvelle moto qu'il vient de s'offrir. Cette moto fonctionne avec un biocarburant fabriqué à partir de bactéries dans le fermenteur qu'on lui a installé au fond de son garage. Il suffit de mettre du sucre dedans, un sucre peu raffiné qui lui permet de fabriquer suffisamment de carburant pour une semaine. Un investissement de 24 000 dollars pour pouvoir circuler une semaine avec tout au plus dix kilos de sucre. Les voitures électriques ne manquent pas aujourd'hui, mais lui, il aime bien le bruit de sa moto, une BMW super-sport, adaptée à ce type de carburant d'une propreté garantie.

Son casque aussi est tout neuf. D'un nouveau type, fabriqué à partir d'un kevlar extraordinaire, de la fibre d'araignée, mais synthétisée par des vers à soie capables, chose insensée, de répondre beaucoup plus vite et en quantité industrielle à cette nouvelle demande. Résultat : un casque qu'il ne sent même pas sur sa tête, qui lui donne l'impression d'être Spiderman, extrêmement résistant, capable même de vous protéger des balles, une indispensable précaution sachant que le deuxième amendement garantissant la liberté du port d'armes est toujours en vigueur aux États-Unis.

Joseph enfourche sa moto. C'est aujourd'hui qu'il a rendez-vous avec son médecin du département de médecine moléculaire à l'université Cornell. Le docteur Sissoko fait partie de ces nouveaux chirurgiens du génome révolutionnant la médecine de par le monde. Joseph a beau s'y être préparé, il ne peut se défaire d'une réelle angoisse. On lui a expliqué que l'intervention qu'il va subir prendra peu de temps, ce qui n'est pas fait pour l'apaiser, bien au contraire. Mais a-t-il, avait-il le choix ?

Cela fait quatre ans que les États-Unis ont lancé un programme contraignant tout le monde, pour entrer dans le système Medicare américain, de faire séquencer son ADN. Il avait été expliqué et répété officiellement que tous ces ADN seraient séquencés par des robots haut débit et stockés dans des ordinateurs ultra-sécurisés, sur un cloud bien particulier, dont le stockage était géré par une société privée bien connue : Amazon. Comme tout le monde, comme toute sa famille, comme tous les nouveau-nés arrivés sur cette Terre à partir de 2020, Joseph a fait séquencer son ADN. En septembre 2022. Un mois plus tard, on apprenait que des hackers venaient de « craquer » la banque de données d'Amazon, réputée pourtant inviolable, et commençaient à divulguer toutes les informations réputées confidentielles.

Le grand scandale du *genome leak* commençait. L'information a été mise sur Internet, disponible pour tout le monde. Ce qui devait arriver arriva. En quelques clics, ce fut un incroyable bazar. Les banques et les assurances se sont jetées là-dessus pour voir quels étaient les profils génomiques de leurs clients. Sans vergogne, elles se sont mises à changer leur taux en fonction du profil des gens, faisant appel à des sociétés externes spécialisées dans l'analyse pointue de toutes ces données soudainement disponibles sur la toile.

Le taux d'emprunt, quand l'emprunt était accepté, était fixé en fonction du futur génomique du client. Certaines assurances refusaient d'assurer les profils à risques ou faisaient payer des primes considérables. Leur calcul était d'une logique froide : il n'y avait pas de raison pour les banques de faire payer la même chose à quelqu'un affichant un profil génomique absolument superbe ouvrant sur une longue vie de cent trente ans, potentiellement sans embûche médicale, et un individu assuré de développer un Alzheimer dans les cinq ans. Bien entendu, les politiques et les peoples eurent leurs profils génétiques décortiqués dans l'ensemble des tabloïds.

Avec le séquençage de son ADN, Joseph a su lui aussi ce qui l'attendait. Le diagnostic établissait une mutation d'une lettre, un pauvre C, au mauvais endroit dans son gène PSEN1, susceptible de déclencher chez lui un Alzheimer entre 45 et 55 ans. Il a 37 ans. Plus de 70 % de chance d'avoir la maladie. Ce qui ne le rassurait pas, c'est que son père lui-même végétait dans une maison de retraite médicalisée du côté de Brighton Beach, miné par cette infernale dégradation. Il allait de plus en plus mal. Les symptômes étaient de plus en plus forts. De plus, et c'est là le plus terrible, son père se rendait bien compte de son état. Il sombrait dans une dépression dont il ne sortirait sans doute jamais.

En ce 4 avril 2024, Joseph va subir une intervention chirurgicale d'un nouveau genre. Une chirurgie du génome qui va réparer son ADN, effacer définitivement cette maudite mutation de son gène PSEN1 annonciatrice d'un Alzheimer précoce. Jusqu'à présent, il allait très bien. Aucun symptôme. Cette intervention pouvait attendre. Si seulement son père avait pu bénéficier de cette chance qui lui est donnée. Mais il est trop vieux, et la maladie est trop avancée. Jo sait aussi que cette réparation n'éloignera guère la menace pour sa descendance. Son fils, Jo Junior, est porteur de la même mutation, et un jour il devra subir ce qu'il s'apprête à vivre. Le gène réparé ne le sera pas dans ses spermatozoïdes et donc cette réparation ne sera pas transmissible. Le traitement s'imposera à toute sa lignée.

Se faire soigner quand, comme Joseph, on se dit que jusqu'alors tout va très bien, il faut beaucoup de raisons pour l'admettre. Il n'a cessé de se le répéter : on ne lui laisse pas le choix. Sa femme et lui ont beaucoup emprunté ces dernières années et aujourd'hui leur banque, qui sait absolument tout désormais de la carte de santé de Joseph, menace à la fois d'augmenter considérablement leur taux d'emprunt et de raccourcir sérieusement le temps de son recouvrement. Sauf si, dans les meilleurs délais, il répare sa mutation et évacue définitivement toute menace d'Alzheimer.

Le docteur Sissoko lui avait expliqué que toute l'opération se déroulerait dans son propre cabinet. Il l'avait à peine cru. Il comprend qu'on ne lui a pas menti. « L'outil » de chirurgie génomique a été livré par une société qui le prépare à façon, pour chaque patient, et il est prêt à lui être injecté. C'est un outil qui a été conçu spécialement pour lui, pour sa mutation, un GCA qu'il faut corriger en GGA à la position 209 du gène PSEN1.

C'est une chose nouvelle. Joseph a été spécialement « préparé ». On lui a rasé intégralement la tête. Il s'est assis dans un fauteuil qui lui a rappelé celui de son dentiste. Il s'y est retrouvé dans une position presque allongée. Sa tête a été enserrée à sa base dans une sorte d'étau confortable, et la voici totalement immobilisée. Il peut se voir sur l'écran de retransmission fixé au plafond. Le bras silencieux d'un robot est venu lui faire sur le dessus de la tête toutes sortes de dessins cabalistiques et s'est retiré sans un bruit. Dans le téléviseur, les dessins laissés sur son crâne pourraient lui faire croire qu'il vient d'être marqué à vie par des tatouages talismaniques protégeant contre le mauvais sort un puissant sultan ottoman.

Puis c'est le noir. Il n'a même pas vu comment on l'a anesthésié. Le reste lui a été montré après son réveil par le professeur lui-même sur l'écran de contrôle. Un bras stéréotaxique avec un scanner-monitor pour le piloter a introduit une gigantesque aiguille au niveau de sa fontanelle, s'enfonçant interminablement dans son cerveau pour y atteindre le ventricule 4 et injecter « l'outil ». Des nanoparticules se sont répandues dans son cerveau, libérant dans chacun de ses neurones les instruments microscopiques de chirurgie de gène coupant et réparant le gène PSEN1 déficient.

Joseph s'est réveillé une heure plus tard sans douleur particulière, il ne sent rien. Si ce n'est qu'il a froid à la tête, le crâne complètement glabre exposé à tous les courants d'air. On l'avait prévenu. Il a pris son bonnet bleu en coton épais pour pouvoir remettre son casque et repartir comme il était venu, à moto ! Ayant des doutes sur les effets secondaires, le professeur Sissoko lui a tout de même demandé de patienter une heure. Rien ne se passe.

Enfin, après un examen physique et un dernier scanner de la tête, on lui permet de rentrer chez lui, comme au sortir d'une simple consultation pour une bronchite. Il ne se passe toujours rien. Il n'a pas de symptômes mais il se sent quand même tout bizarre, il a l'impression d'être hyper-sensible, que sa tête est comme suspendue. Est-ce l'anesthésie ? Dans son cerveau, son ADN est en train de se reprogrammer. Il essaye de sentir des choses mais rien. Sissoko lui a dit que le procédé prendrait environ une trentaine d'heures au total. Il essaye de penser pour voir s'il arrive à penser de la même façon qu'avant l'opération. Il cherche pour voir s'il a un papillon dans le cerveau, mais rien de rien. Il ne se passe strictement rien de spécial.

Il comprend alors que ce qu'on vient de lui faire est génial. Aucune souffrance, la promesse d'échapper définitivement à un mal qui, tapi dans l'ombre de son cerveau, le guettait. Pour la première fois, il s'avoue qu'on vient de lui donner une chance incroyable, insensée, inimaginable voici encore quelques années, une chance qui, hélas, n'aura pu atteindre son père. C'est d'ailleurs lui que Joseph va s'empresser d'appeler en premier. Pour l'assurer au plus vite que tout s'est formidablement passé, que ce gène qu'il avait reçu de lui, on l'en a débarrassé pour toujours. Il ne peut s'empêcher cependant d'avoir une petite appréhension. Pourquoi toi ? Pourquoi pas moi, pourrait s'insurger son père dans un accès de déprime. Il lui dira combien il l'aime mais cela l'apaisera-t-il ? Il l'appelle. « Papa, je voulais te dire… » « Je sais, je sais, l'interrompt aussitôt le vieil homme, tu as mis fin au destin ! »

1

Rien n'est jamais acquis

Les pionniers de l'édition du génome

L'ADN, ces trois lettres, qui en valent quatre, sont entrées aujourd'hui dans notre vocabulaire sans que l'on sache vraiment, quand on se tient éloigné du monde de la science, ce qu'elles représentent. L'ADN est la molécule de la vie, parce que tout ce qui est vivant est codé en ADN. L'humain est codé en ADN, ainsi que les mammifères, les crustacés, les plantes... Même les premiers microbes apparus sur Terre étaient codés en ADN. La vie a démarré à partir de l'ADN. Il n'existe rien de vivant sur le globe qui ne soit pas codé en ADN, à l'exception peut-être de quelques virus, qui ne sont pas vraiment vivants, mais ont besoin d'entrer dans une cellule pour s'activer.

L'ADN est une découverte d'après-guerre. Les premiers qui, dans les années 1950, l'ont mis à jour sont un Américain, James Watson, un Britannique, Francis Crick, et un Néo-Zélandais, Maurice Wilkins. Il y avait des tas de théories. Certains pensaient notamment que c'était le support de l'hérédité. Ces trois hommes ont pu démontrer comment était structuré l'ADN et pourquoi il code pour la base de l'hérédité. À l'aide d'une image projetée de l'ADN et d'une formule mathématique complexe, ils ont révélé que c'était une sorte de texte servant de code pour la vie, pour tous les organismes vivants, donc pour tout ce qui existe sur Terre. Cette découverte majeure leur a valu de recevoir tous les trois le prix Nobel en 1962. Grâce à eux, on a compris que ce code pour la vie qui est donné à chacun d'entre nous s'appuie sur une structure extrêmement ordonnée, comme un livre, avec ses lettres qui se suivent et qui ont un sens, celles-ci étant en fait des composés chimiques, l'adénine (A), la cytosine (C), la thymine (T), la guanine (G)... L'assemblage de ces lettres compose pour un humain un texte de 6,4 milliards de lettres recelant une partie de l'histoire de l'humanité. Chaque organisme – gazon, séquoia géant, lapin, mulot, etc. – a son livre à lui capable de retracer son évolution depuis des millions d'années. Les dinosaures, les mammouths, tous les animaux disparus étaient eux aussi codés en ADN, ils avaient leur propre formule dont on déchiffre aujourd'hui des fragments.

Cet ADN a évolué au cours des âges, subissant les lois de la nature, et puis soudain l'homme a commencé à poser le véritable acte fondamental de son ère, le véritable acte civilisateur humain : « le clonage ». À l'aube de l'humanité, les hommes étaient des animaux en quête de moyens de subsister, des chasseurs-cueilleurs. Ce qui nous distingue aujourd'hui, nous les hommes, des animaux, je ne pense pas que ce soit notre capacité de penser ni le fait que nous ayons une âme. Les animaux pensent aussi, ils ont des logiques que, certes, nous connaissons encore mal, mais qui existent bel et bien. Et peut-être ont-ils aussi une âme !? Ce qui nous distingue essentiellement des animaux, c'est que nous avons commencé à cloner pour nous libérer de notre destin animal. Grâce à cela, nous régnons aujourd'hui sur la Terre.

Cette découverte étant faite, il faut attendre les années 1980 pour connaître une autre grande avancée dans la connaissance de l'édition du génome. En 1983, des chercheurs, avec au premier rang d'entre eux, Jack Szostak et Rodney Rothstein, découvrent quelque chose de fantastique : quand on donne un coup de ciseaux dans l'ADN, quand une cassure se produit dans l'ADN, qu'elle soit due à de l'oxydation dans le corps ou provoquée par un rayonnement radioactif, l'ADN se restaure. Il se répare en recopiant une séquence sur une séquence vraiment similaire.

Nous sommes la descendance de l'ADN qui nous compose : la descendance de notre père (l'ADN du spermatozoïde fécondant) et de notre mère (l'ADN de l'ovule fécondé). Notre ADN est donc en deux copies, l'une provenant du spermatozoïde de notre père, l'autre de l'ovule de notre mère. Chaque copie ayant 23 chromosomes numérotés de 1 à 22, plus les chromosomes sexuels X et Y. Pour une fille, c'est XX, pour un garçon XY. Si nous cassons le chromosome 11 provenant du père, le chromosome 11 provenant de la mère est utilisé comme copie de sauvegarde pour effectuer une réparation. Cette réparation du chromosome endommagé du père est effectuée selon la séquence de sauvegarde de la mère et y intègre une séquence maternelle au niveau de la cassure dans le chromosome paternel.

Pour faire simple, c'est comme si nous détenions deux livres qui paraissent identiques mais, à y regarder de plus près, ils ne sont pas exactement semblables. En fait, ils racontent à peu près la même histoire, l'un raconte l'humain version du père et l'autre raconte l'humain version de la mère avec quelques petits changements. C'est la même histoire. Ce sont deux versions, on les met ensemble, chaque copie servant de sauvegarde à l'autre en cas d'altération. Si on arrache une page d'un de ces deux ouvrages, automatiquement on va aller regarder dans l'autre livre ce qui était écrit à la même page et replacer une feuille sur laquelle on aura recopié la séquence manquante. C'est la page de la copie sauvegardée qui sera donc recopiée en lieu et place de la page arrachée avec ses variations et subtilités, mais ce ne sera pas le texte original de la copie altérée.

Ces deux personnages, Szostak et Rothstein, ont découvert qu'effectivement cette solution de remplacement était possible. Si on arrache une page sur l'un des livres, la cellule va regarder sur l'autre ce qu'il y avait au niveau de cette page-là et va le recopier. Si cette autre page contient une faute d'orthographe, elle la recopiera aussi, parce que la cellule ne va pas se poser de question, elle va recopier exactement ce qui était écrit sur l'autre page. Mais si, en revanche, j'ai arraché une page où il y avait une faute d'orthographe et que la copie de sauvegarde ne la contient pas, alors là je vais recopier une page sans faute, faisant disparaître de ce fait cette faute de la cellule. Très rarement, sauf si on est en présence d'une consanguinité, on relève les mêmes fautes d'orthographe sur les deux livres.

Notre ADN personnel, c'est notre formule, notre recette. Nous avons chacun la nôtre, avec toutes les altérations ou les bienfaits qui viennent du côté de notre père et tous ceux de notre mère, sachant qu'obligatoirement il faut de l'ADN du père et de l'ADN de la mère pour composer une personne. « C'est dans mon ADN », cette expression, nous l'employons souvent, imaginant que tout ce qui figure dans notre livre de vie est inscrit jusqu'à la fin de nos jours et que l'on n'y pourra rien changer.

Progressivement, il a fallu admettre que tout ce qui était écrit dans notre ADN n'était pas gravé dans le marbre. Que des changements pouvaient se produire dans cet ADN, au travers de possibles altérations. À compter de 1983, de nombreux chercheurs se sont donc intéressés à cela. Parmi eux, un membre de l'Institut Pasteur à Paris qui avait travaillé aussi à Harvard et qui se trouvait être mon professeur de génétique à l'université Pierre-et-Marie-Curie, Bernard Dujon.

Il vient de prendre sa retraite de l'Institut Pasteur, mais demeure membre de l'Académie des sciences. Il reste l'un des plus éminents professeurs de l'Institut. Connu essentiellement de la communauté scientifique, il est bien sûr inconnu, hélas, du grand public, puisqu'il y a bien longtemps que nos moyens de communication modernes ne permettent plus à ceux qui réfléchissent, au lieu de taper dans un ballon, de disposer d'un temps d'antenne suffisant pour exposer leurs réflexions ! À mes yeux, cet homme mériterait largement le prix Nobel pour le chemin qu'il a ouvert menant vers un progrès scientifique dont nous n'entrevoyons pas encore tous les horizons.

C'est lui qui a découvert en 1985, dans la levure de boulangerie, une séquence d'ADN attribuée à de l'ADN appelé dans ces années-là l'« ADN poubelle », parce qu'il ne servait à rien ou plus exactement parce qu'on n'en comprenait pas la fonction. Il l'a appelé « Omega ». Il s'était rendu compte qu'Omega était « mobile », mais ne comprenait pas comment cette séquence d'ADN pouvait bouger d'un endroit à l'autre, c'est-à-dire aller se copier à un endroit où elle n'était pas au départ.

Chemin faisant, Bernard Dujon a découvert qu'Omega recelait en fait un gène et que celui-ci codait pour « des ciseaux à ADN », des ciseaux d'un genre totalement nouveau. Ces ciseaux à ADN Omega donnaient un coup précis et « unique » dans l'ensemble de l'ADN de la levure. La cible unique des ciseaux était l'endroit exact où allait se transporter le gène. Les ciseaux Omega étaient le promoteur de la mobilité de l'ADN. Lorsqu'on donnait un coup de ciseaux à un endroit, cette séquence codant Omega était recopiée précisément à cet endroit-là. Les ciseaux Omega sont une nucléase, c'est-à-dire qu'ils coupent l'ADN. D'où le nom de méganucléase par contraction de « Omega » et de « nucléase ». Cette découverte fut qualifiée vingt ans plus tard par le prestigieux journal américain *Science* de « transformation de poubelle en or » (*Spinning junk into gold*).

Ces ciseaux furent l'ancêtre de l'édition du génome, un tout premier pas sur le terrain de la technologie d'édition du génome. Ces ciseaux procèdent comme ceux d'une couturière, sauf qu'ils ne sont pas en acier. Ils sont en protéine et d'une taille naturellement infiniment plus petite. Ils ne font que quelques nanomètres tout au plus, soit quelques milliardièmes de mètre. On pourrait couper l'ADN avec des ciseaux de couturière. L'ADN est une molécule en forme de fil. On pourrait prendre un chromosome humain de plusieurs centimètres de long et, si on parvenait à l'étaler sur une table, chose qui est aussi théoriquement possible, on pourrait tout aussi théoriquement soulever ce fil d'ADN très fin et lui donner un coup de ciseaux. Cela aurait exactement le même effet que de le couper avec une méganucléase ou un quelconque type de nucléase.

Voici une anecdote amusante concernant le nom de ces ciseaux. Lorsque Bernard Dujon a découvert ce fameux gène, les chercheurs qui travaillaient avec lui étaient assez excités et partaient dans des conversations à n'en plus finir. Un midi, ils se sont mis à discuter avec lui, tranquillement, sous le porche de son laboratoire. Ils lui ont demandé : « Comment va-t-on les appeler ces ciseaux ? » Chacun avait son idée, personne n'était d'accord. Le temps passait et notre cher professeur commençait à avoir l'estomac dans les talons. Quelle heure était-il ? Il ne cessait de regarder sa montre. Un moment, il n'y tint plus. « Écoutez, on va les appeler Omega, parce que moi je commence à avoir faim et on va aller manger. » Omega, c'était la marque de sa montre ! Et c'est ainsi que furent appelés les premiers ciseaux pour ADN pour l'édition de gène. Toutefois, Bernard dit que cette histoire est un légende, car il n'a jamais eu d'Omega. Nous aimons bien les légendes.

En fait, ce que faisait Omega à l'époque, c'est d'aller donner un coup de ciseaux bien précis sur un site prédéterminé dans l'ADN de la levure. Il y faisait un trou, et la cellule, voulant alors absolument réparer et combler ce trou, allait recopier ce qu'il y manquait. C'était cette séquence qui codait pour cette Omega, ce que l'on appelait des éléments mobiles. Quand j'ai débarqué à mon tour dans son laboratoire alors que j'étais encore étudiant, en 1988, Bernard Dujon nous avait donné Omega comme sujet d'examen à la fac. C'était une sorte de phénomène biologique, je ne comprenais pas trop à quoi cela servait. J'étais allé lui poser la question : « Écoutez, Bernard, expliquez-moi à quoi sert exactement Omega dans la biologie. » Je le vois encore me répondre en haussant les épaules : « À rien. »

Effectivement, à l'époque, comme aujourd'hui encore, on n'y comprenait pas grand-chose. On parle d'une séquence d'ADN égoïste. C'est-à-dire une séquence d'ADN qui simplement promeut sa propre multiplication et sa propre invasion dans un endroit qu'on détermine comme son *home*, le fait de s'y placer s'appelant par conséquent le *homing*. On imagine que c'est peut-être une sorte de séquence infectieuse, ultime, discrète, qui ne fait pas de différence. C'est-à-dire qu'elle n'est pas fixée à un endroit, qu'elle peut aller se balader et envahir l'endroit où elle n'est pas, endroit déterminé par un coup de ciseaux donné par Omega. Elle va aller se copier dans tous les endroits cibles d'Omega où elle n'est pas. Elle peut donc infecter sans trop faire de différences. Ce n'est pas méchant, c'est simplement un élément d'ADN mobile. À partir de ce phénomène, on comprend que finalement l'ADN n'est pas marqué dans l'ADN, qu'il peut s'opérer des changements par des sortes de « couper-coller » qui ont lieu dans l'ADN.

C'est à compter de ce moment et de ces observations que je me suis vraiment passionné pour ce que l'on commençait à appeler l'édition de gènes. Le génome, c'est une formule, c'est une recette codée en ADN contenue dans toutes nos cellules. Notre ADN, c'est notre génome. Chacun son génome ! C'est le socle, c'est la formule générale avec toutes ses subtilités. Exactement comme pour une bonne blanquette de veau de nos grands-mères ! La recette de la blanquette de veau, plat ancien par excellence, n'existe pas. Le temps a fait que nous avons aujourd'hui des dizaines de recettes de blanquette de veau avec toutes leurs variantes et leurs subtilités. Chaque cuisinier prétend avoir la sienne. Toutes différentes, toutes présentées bien sûr comme la meilleure ! Mieux, on peut même dire qu'à chaque fois qu'on propose nous-mêmes ce plat, il est toujours différent du dernier que l'on a servi. Les blanquettes qui se ressemblent n'existent pas. Il en va de même pour l'homme. Nous sommes plus de 7 milliards sur cette Terre et cependant chacun d'entre nous est différent. Nous pouvons distinguer deux humains en regardant leurs génomes parce que, justement, le génome est une recette bien particulière, propre à chacun.

J'étais fasciné. Je n'avais pourtant pas au début de cette histoire une appétence profonde pour la biologie, celle classique de l'étude des structures cellulaires, des organismes, ce qu'en termes savants on nomme la paramécie. Je trouvais tout cela très ennuyeux. Jusqu'au jour où j'ai découvert le fonctionnement de l'ADN, le génome. L'ADN, ce n'était pas non plus une molécule qui m'intéressait beaucoup, jusqu'au jour où j'ai commencé à comprendre comment cela fonctionnait, comment c'était transcrit, traduit, exprimé. Je me suis dit qu'il y avait une logique derrière tout cela. Derrière cette pagaille des paramécies qui n'ont aucune structure et sont sans aucun intérêt, se cachait une logique extrêmement disciplinée et finalement quasi mathématique. De ce jour, est née en moi une passion absolue.

J'essayais de comprendre comment tout cela fonctionnait, tout en me rendant bien compte que nous en étions à peine au tout début de la préhistoire de la compréhension du génome. Combien de fois me suis-je extasié dans les labos ? « C'est incroyable, c'est complètement fou ce type de ciseaux que l'on découvre comme cela. Peut-être que l'on pourrait utiliser ces ciseaux-là pour aller couper ailleurs. »

On en était pourtant purement au stade de la science fondamentale, puisque tout ce qu'on observait se trouvait dans un organisme qui n'avait strictement rien à voir avec l'homme. On en était encore à la levure de boulangerie. Moi, j'imaginais qu'un jour peut-être nous pourrions grâce à ces ciseaux modifier nos propres génomes.

C'était un doux rêve.

Du doux rêve à la dure réalité

Je n'étais pas le seul à rêver. Je me suis rendu compte que certains manipulaient l'ADN pour comprendre d'abord comment il fonctionnait, mais aussi pour s'essayer aux premières modifications du génome. Il faut bien admettre qu'on en était aux balbutiements. On prenait un morceau d'ADN, on l'introduisait dans un organisme pour en faire ce qu'on appelait classiquement un organisme transgénique. On prenait un gène d'hormone de croissance, on le mettait dans une cellule d'un embryon de souris et cela donnait une grosse souris qui devenait une sorte de monstre. C'était incroyable. Ça changeait complètement la façon de voir la vie en général. À cette époque-là, il y avait une sorte d'excitation autour de la façon de modifier, de faire des expériences avec l'ADN. Les grands pionniers de l'ingénierie des génomes n'étaient pas des éditeurs de génomes, mais des sortes d'apprentis sorciers. Ils voulaient toucher à la molécule de la vie.

On commençait à complètement délirer sur ce « truc ». Il faut toutefois se souvenir du contexte. On venait de découvrir cette nouvelle et terrible maladie qu'était le sida. On savait déjà qu'en réalité il s'agissait d'un virus qui n'était pas codé en ADN mais en ARN. L'ARN est un message qui sort de l'ADN, une formule chimique assez similaire à l'ADN, sauf qu'il y a une lettre qui s'appelle U à la place de T : T dans l'ADN, U dans l'ARN. En langage scientifique, c'est l'uracile au lieu de la thymine, et c'est de l'acide ribonucléique au lieu de l'acide désoxyribonucléique.

Les différences sont subtiles mais, pour bien comprendre l'ARN par rapport à l'ADN, précisons que l'ADN est l'information stockée dans le « disque dur » et que l'ARN est un message extrait de ce disque dur. Et le virus du sida est un message extrait du disque dur mais, et c'est là que ça se complique, quand il rentre dans une cellule il se convertit en ADN. Et cet ADN codant pour le virus du sida va s'intégrer dans l'ADN de la personne qu'il a infectée. Autrement dit, quelqu'un qui a le sida est transgénique, c'est un organisme génétiquement modifié, un OGM. Le génome du sida est intégré dans une partie des cellules de son génome, et son ADN est aussi écrit avec le génome du sida.

On commence à imaginer que les ciseaux à ADN pourraient être utilisés contre le sida, dont l'ADN est un transgène qui n'a rien à faire dans le génome et qui rend malade. L'idée est de l'enlever. Pour cela, il faut couper l'ADN du sida qui s'est intégré dans le génome et, si on parvient à l'enlever, on peut espérer désinfecter une cellule. Ce qui est en fait un concept totalement novateur à la fin des années 1980 et début 1990. Sauf qu'on n'a toujours pas réussi à le faire jusqu'à présent !

Quant à moi, je continuais de tâtonner. Pour ma thèse, j'étais passé du laboratoire de Bernard Dujon à celui de François Jacob, un autre grand homme de l'Institut Pasteur. Avec ses collègues, Jacques Monod et André Lwoff, il avait obtenu en 1965 le prix Nobel pour leurs travaux sur la compréhension du fonctionnement de l'ADN. Ils furent les pères de notre biologie moderne. Avec quelques amis, nous étions persuadés que ce serait passionnant d'utiliser ces fameux ciseaux à ADN de levure pour aller couper du génome de souris. Pour voir, avant de nous pencher sur celui de l'homme.

Côtoyer François Jacob fut naturellement pour moi une grande chance. On ne l'appelait pas François Jacob, ni François ni Monsieur Jacob ni docteur Jacob ni professeur Jacob, mais Monsieur le Professeur. À cette époque, il terminait sa carrière. Avec des amis, nous allions discuter avec lui et celui que nous considérions comme son fils spirituel, Jean-François Nicolas.

Un jour, nous nous sommes tous assis autour de la même table et nous nous sommes demandé ce que l'on pourrait bien faire avec ces ciseaux à ADN. Nous délirions complètement. Certains essayaient bien de nous calmer, expliquant avec raison qu'on ne connaissait seulement que quelques séquences du génome humain, autrement dit quelques centaines de milliers de lettres tout au plus à l'époque sur 3,2 milliards, 6,4 milliards si l'on mêle celles de papa et maman !

Les projets de séquençage de génomes complets, à commencer par celui de la levure, n'étaient encore qu'à leurs débuts. En même temps, démarraient en France, toujours une sorte d'histoire française, les premiers projets de cartographie du génome humain. Ces travaux paraissaient alors totalement titanesques. Pour bien les mesurer, il faudrait s'imaginer les hommes au temps des Gaulois qui soudainement se seraient rendu compte, 1 600 ans avant Galilée, que la Terre était ronde. Du coup, réalisant l'étendue du globe, ils se seraient mis en tête de trouver des méthodes pour mesurer la Planète entière, en partant de leurs huttes bretonnes avec leurs chars à bœufs.

Nous étions ces Gaulois. J'étais ce Gaulois. Déjà, pour mes travaux d'approche sur le séquençage du génome de la levure, séquencer un gène de 4 000 lettres m'avait occupé pendant des mois. Ce petit exploit nous avait valu en 1990, pour mon maître de stage, Pierre Legrain, et moi-même, une première publication scientifique. Quand on me disait qu'on allait séquencer le génome entier de la levure, cela me paraissait déjà un projet monstrueux. Alors espérer le faire sur le génome humain, c'était comme si on vous demandait d'aller marcher avec des flip-flop sur Jupiter. Et on se posait des questions. Je me rappelle, en discutant avec des amis, qu'ils me demandaient : « Quand penses-tu que le génome humain sera complètement déchiffré ? 2050 ? 2060 ? » Je leur répondais : « Peut-être. » Pourquoi ? Parce qu'on pensait encore devoir accomplir tout ce travail monté sur un char à bœufs.

Cela dit, les Français étaient complètement pionniers en la matière, il n'y avait quasiment personne d'autre qui faisait cela. Évidemment, ces projets étaient ultra-créatifs et disruptifs à l'époque. On était au début d'Internet qui n'intéressait que les spécialistes en informatique. On lisait les publications scientifiques dans les bibliothèques, il n'y avait que quelques milliers d'adresses mails et le *World Wide Web* était accessible avec Mosaïc NCSA, l'ancêtre des navigateurs.

C'est très important de s'en souvenir parce qu'on peut se demander ce qui a fait que la France s'est retrouvée en première ligne dans cette aventure. Je crois tenir l'explication. Les Français parlent le français, une langue, il faut bien l'admettre, particulièrement tordue. Moi qui ne suis pas né en France, je peux en témoigner. Oui, je trouve que cette langue est tordue, elle manque de logique. C'est pour cela que les Français adorent leur langue. C'est le seul pays au monde où l'on organise des compétitions d'orthographe qui passionnent les médias. Cette langue est totalement illogique. Des lettres que tantôt on prononce tantôt on ne prononce pas, des accords des plus compliqués, des pluriels où se cachent toujours des exceptions, des verbes qui échappent sans prévenir aux conjugaisons ordinaires, et je ne parle pas des accents qui arrivent comme des cheveux sur la soupe. Comme si tout était fait pour faire enrager la Terre entière et faire perdre du temps aux enfants à l'école au lieu de leur remplir la tête avec autre chose. La langue française est intimidante, elle n'est bien parlée que par les érudits, les gens cultivés. Elle inspire respect et agacement.

Rien que cela explique que les Français suscitent souvent la jalousie. À l'image de leur langue, ils ont une créativité et une façon de penser quelque peu différente des autres. Cette langue dépourvue de logique, cette langue bizarre stimule en fait la créativité. Le fait d'être déstructurée par rapport au russe, à l'arabe, à l'anglais, des langues que je connais mais que j'écris toutes mal, aboutit à ce qu'on arrive en France à disposer d'une créativité originale, notamment par rapport au monde anglo-saxon. Ce constat que j'ai fait il y a longtemps me rend insupportables tous ces complexes que les Français entretiennent avec une sorte de misérabilisme teinté de délectation, et qui sont à mes yeux totalement incompréhensibles.

Sans l'Internet, bien avant que l'on nous parle de globalisation, des idées qui n'étaient pas des idées venues d'ailleurs, des idées complètement folles, ont pu surgir. On pensait que l'aventure allait nous prendre toute notre vie, mais on se disait que tout était possible. Nous étions dans des rêves complètement fous qui pourtant allaient bâtir les prémices du concept fondamental de l'édition du génome.

Les bases étaient jetées. On savait qu'il y avait un texte, qui codait pour la vie, on se rendait compte qu'il y avait des ciseaux, des centaines de modèles différents dans la nature qui pouvaient éventuellement nous permettre, comme dans un texte saisi dans Word sur nos ordinateurs, de faire des couper-coller, des corrections, d'enlever une phrase, de la substituer par une autre, de supprimer des fautes d'orthographe, etc. Nous savions que tout cela, un jour, pourrait se faire chez l'homme et pour son bénéfice. Tout cela, avec Arnaud Perrin, Bernard Dujon et Jean-François Nicolas notamment, nous l'avons écrit à partir de 1992 dans des brevets, dont beaucoup, déposés à l'Institut Pasteur, sont désormais dans le domaine public. Nous avions écrit noir sur blanc nos doux rêves, mais nous restions confrontés à la dure réalité, qui tenait en cette seule question : comment fonctionnent ces ciseaux ?

Introduire ces ciseaux dans un génome, sans savoir si leur cible était présente en un ou plusieurs exemplaires, c'était risquer qu'ils coupent là où nous ne le souhaitions pas. Non. Nous n'avions pas le choix. Nous ne pouvions espérer aboutir tant que nous n'étions pas capables de viser exactement, sans la moindre marge d'erreur, à l'endroit que nous voulions modifier, un endroit, une cible, entourée de 6 milliards de lettres !

C'est là effectivement que les critiques sont arrivées. La dure réalité était que les ciseaux Omega coupaient à une séquence bien particulière, en l'occurrence une séquence de la levure qui n'existait pas dans le génome humain. Et pourquoi n'existait-elle pas dans le génome humain ? Parce qu'elle était unique, composée de 18 lettres : TAGGGATAACAGGGTAAT. Les chances de pouvoir retrouver cette séquence dans le génome humain étaient au nombre de 4 à la puissance 18. C'est-à-dire qu'il y avait 1 chance sur 69 milliards de pouvoir l'identifier. Sachant que le génome humain comprend un peu plus de 6 milliards de lettres, il fallait un génome qui fasse plus de dix fois la taille du génome humain pour avoir la chance de trouver une séquence potentielle pour Omega. On a compris aussi qu'une formule de 18 lettres que reconnaissait Omega ne pouvait pas se trouver ailleurs que dans le génome de la levure. Donc, si j'introduisais les ciseaux Omega dans un génome humain, ils n'allaient pas couper. Tout simplement.

Nous étions devant un casse-tête. C'est bien parce qu'elle ne pourrait pas découper le génome en mille morceaux qu'Omega ne serait pas toxique, mais en même temps on ne pourrait pas voir sa séquence. Nous nous en sommes remis aux techniques de « papi », qui avaient fait leurs preuves jusqu'à présent. Au départ, nous avons introduit la séquence de levure dans un génome humain. Il s'agissait du génome d'une cellule de laboratoire provenant des cellules d'une métastase du cancer du col de l'utérus d'Henrietta Lakes, décédée en 1951, et qui servait à l'époque de modèle de référence. Nous lui avons donné des coups de ciseau. Nous faisions une correction, nous insérions un gène, nous supprimions, inversions... Nous avons même fabriqué des virus qui ressemblaient au virus du sida. Cette expérimentation a été menée sur des cellules de souris. On plaçait cette séquence à l'intérieur d'un virus de souris, on l'inoculait dans le génome de souris, puis on y introduisait Omega. On le faisait sauter du génome à la séquence du virus. On est arrivé à désinfecter des cellules, mais évidemment ça rigolait dans les labos. On nous disait : « C'est super votre truc, mais Omega ne coupe qu'au niveau d'Omega. » C'est de ces expériences que viennent les méganucléases, qui sont en fait les ancêtres des technologies d'édition de génome d'aujourd'hui. Mais nous avons été confrontés à quelque chose de vraiment particulier : il fallait pouvoir changer la spécificité d'Omega qui reconnaissait une séquence de levure mais pas une séquence de génome humain.

Le monde globalisé dans la pensée comme dans les inventions

Assez curieusement, et bien avant l'émergence d'Internet et l'établissement de notre village planétaire, il y avait à cette époque toute une communauté de personnes qui travaillaient sur la recombinaison de l'ADN. Dans le laboratoire de François Jacob, était en place une équipe spécialement dédiée. Elle comprenait notamment Hervé Le Mouellic et Philippe Brûlet, qui avaient réussi à démontrer que l'on pouvait substituer une séquence à une autre dans le génome humain ou de mammifère grâce à une technologie que l'on a appelée la « recombinaison homologue ».

Aux États-Unis également, se trouvaient des laboratoires concurrents. Mais, à cette époque toute la communauté des chercheurs lisait la même littérature. Cela se faisait bien entendu plus lentement parce que les revues se consultaient dans des bibliothèques, qu'il était difficile de prendre le temps de les lire toutes, les moteurs de recherche n'étant pas non plus encore apparus.

On lisait les mêmes publications, on utilisait le même matériel scientifique. Les boîtes de Petri, les pipettes, les incubateurs, les microscopes, dans tous les laboratoires du monde on retrouvait le même équipement standardisé. On participait aux mêmes congrès, on se fréquentait entre soi, on écoutait les mêmes discours, on avait souvent été formés dans les mêmes universités, les livres de nos enseignements étaient les mêmes, que ce soit au Japon, en Angleterre, en France, en Croatie, aux États-Unis, en Argentine, etc. Tout ce petit monde parlait de plus la même langue officielle, l'anglais. Bref, les différences entre nous étaient bien légères.

La communauté scientifique est constituée d'une population aux cerveaux extrêmement homogènes. Une sorte de consanguinité s'est établie. La seule petite différence entre nous et le reste des chercheurs, comme je l'ai dit, était notre usage du français qui nous donnait un mode de pensée bien spécifique. Ainsi, au moment où nous commencions à travailler à Paris sur le génome, quelque part dans le monde, à des milliers de kilomètres de nous, d'autres se lançaient dans la même aventure.

Combien de fois l'ai-je vérifié depuis ? On ne peut pas faire de découverte sur la surface du globe sans que s'opère une sorte de conjonction des idées. En fait, les idées ne viennent jamais de nulle part. Elles sont la résultante de l'amoncellement d'informations que nous pouvons emmagasiner dans notre cerveau et qui, à notre insu souvent, finissent par se cristalliser en une idée qui, d'un seul coup, nous semble magique. Pour le comprendre, je prendrai l'image du cristallisoir, un récipient en verre épais que nous utilisons tous les jours dans nos laboratoires. Si l'on y met de l'eau saturée en sel et qu'on la laisse reposer, la quantité d'eau diminue jusqu'au moment où il n'y a plus d'eau. Durant ce processus d'évaporation, commencent à se former des cristaux de sel là où se trouvent les impuretés présentes dans l'eau, comme une saleté ou un grain de poussière. Ces cristaux de sel n'apparaissent pas partout, ils se forment là où se trouve une irrégularité, une exception.

C'est ce même processus de décantage d'un certain nombre d'informations, d'images, de sons, de discours, de gestes, qui se produit dans notre cerveau et qui la plupart du temps, du fait de notre consanguinité scientifique, se cristallisent, à certain point du globe terrestre, dans la tête de deux ou trois chercheurs qui ne se connaissent même pas. Je l'ai constaté à chaque fois, en général cela se passe dans une fourchette d'un à trois mois maximum. C'est d'une rigueur parfaite. J'ai personnellement vécu au moins une dizaine d'expériences de ce genre et je suis sûr que tous les chercheurs du monde pourraient livrer le même témoignage. Vous êtes euphorique, vous pensez avoir mis le doigt sur quelque chose de génial, vous vous dites que c'est tellement génial que personne ne peut avoir la même idée folle… Eh bien non, il y a toujours ces deux ou trois autres chercheurs qui ont eu aussi cette même idée, au même moment.

On ne l'apprend que des mois plus tard lorsque paraissent les publications scientifiques. On en ouvre une, on la lit et on s'effondre parce que cette idée complètement folle a été publiée par d'autres personnes qui se trouvent en Australie, qu'on n'a jamais rencontrées, qu'on ne connaît ni d'Ève ni d'Adam. C'est terrible pour un chercheur. Parfois c'est vous qui publiez en premier et vous croisez dans un congrès un gars qui vous dit, d'un air désespéré, que vous lui avez coupé l'herbe sous le pied, qu'il en était au même point d'expérimentation et que la publication de ses travaux devait se faire un mois plus tard, mais que son papier a été rejeté pour manque d'inventivité, à cause du vôtre !

Ce stress du chercheur, nous le connaissons perpétuellement, impossible de s'en défaire. Il développe la paranoïa, l'angoisse, le découragement. Notre concept d'édition de génome a été publié par d'autres chercheurs seulement quelques mois plus tard aux États-Unis. Une chercheuse travaillant au Memorial Sloan Kettering Cancer Center de New York, Maria Jasin, à qui Bernard Dujon avait envoyé la séquence Omega pour qu'elle la teste, s'était lancée exactement sur les mêmes pistes que nous. La course avec elle ne s'est arrêtée que lorsque nos routes ont divergé. Elle a toujours réussi à tenir la corde en termes de production scientifique dans le monde de l'édition de génome. À chaque fois que l'on sortait une nouvelle publication, on était toujours, à quelques mois d'intervalle, en concurrence avec d'autres personnes que l'on ne connaissait pas. Cette lutte a démarré au début des années 1990 et ne s'est jamais vraiment arrêtée depuis lors.

Dans le concret de la vie

Les chercheurs ont alors commencé à s'intéresser à ce concept. Au milieu des années 1990, j'ai décidé de partir aux États-Unis avec une seule idée en tête : mettre en œuvre l'édition de génome dans une approche thérapeutique. Je suis allé rejoindre le laboratoire de Richard C. Mulligan, professeur à Harvard, qui était le pape de la thérapie génique à l'époque. Lors de notre première rencontre au cours d'un congrès organisé à Cold Spring Harbor sur Long Island dans l'État de New York, nous étions en train de manger à une table face à la mer et je lui ai dit : « Voilà, on a l'ADN, on a les ciseaux, on peut faire du couper-coller dans l'ADN, on doit pouvoir corriger n'importe quelle mutation dans l'ADN des patients, est-ce que ça t'intéresserait que l'on développe cela ensemble ? »

Je voulais rentrer dans le concret. Dans le laboratoire de François Jacob et de Jean-François Nicolas, nous ne faisions pas de thérapeutique, mais de la recherche fondamentale. Nous essayions de comprendre les ordres donnés par les gènes lors du développement des mammifères. Nous y réalisions des choses fabuleuses. L'une des plus belles choses de la vie a été de comprendre comment se développait un œuf fécondé. La mise en musique du génome pour l'exécution du développement d'un embryon est une passion de la recherche et de l'humanité.

On a un œuf, un ovule, qui vient de la mère et qui contient la moitié des programmes génétiques humains, bloqué dans sa division, qui attend sagement depuis des années dans un ovaire d'être expulsé et fécondé. Un spermatozoïde, fraîchement produit, va arriver, après une course de vitesse, et féconder cet œuf produit il y plus de vingt ans et y joindre son génome. On se retrouve alors avec deux fois le génome : le génome de la mère qui est dans l'ovule et le génome du père qui entre avec le spermatozoïde. À partir de là, c'est une sorte de partition génétique complexe, d'une précision parfaite, qui va se jouer à l'intérieur de cet œuf. C'est une sphère toute petite où l'ADN va se mettre en marche ; il contient déjà une partie de l'information provenant de la mère, qui a été exprimé précédemment, mais l'entrée de l'ADN du père va déclencher, tout de suite, des divisions cellulaires.

L'œuf va se diviser en 2, puis en 4, puis en 8, puis en 16, puis en 32, et puis soudainement, le nombre de 64 cellules étant atteint, une cavité va se former à l'intérieur. L'œuf devient un blastocyste. Celui-ci va s'implanter dans l'endomètre de la femme. D'un seul coup, le génome donne l'ordre aux cellules de bouger pour commencer à former un axe de symétrie (oui, nous avons un axe de symétrie !). À un rythme effréné, les cellules se divisent et bougent selon un ordre ancestral, que nous partageons avec le règne animal, parfaitement établi. Vont surgir des segmentations avec des vertèbres, la tête va se former, les doigts vont apparaître. L'embryon, où rien n'est laissé au hasard, va se dessiner par des pousses de cellules plus ou moins rapides, des mouvements plus ou moins lents et des destructions ciblées de tissus, pour laisser apparaître une sculpture de l'embryogénèse qui se forme progressivement.

C'est la partition du génome qui s'exécute pour engendrer au bout du compte toujours la même espèce, en l'occurence un humain, si l'ADN code pour de l'humain. Ce codage n'est bien entendu jamais exactement le même d'un être à l'autre, avec ses petites subtilités génétiques, ses ressemblances familiales, ses propres particularités. Ce codage comporte aussi des erreurs. Celles-ci peuvent être légères et ne pas remettre en question le processus : des doigts un peu courts, de l'eczéma, ou une prédisposition au cancer du sein par exemple. Des erreurs peuvent aussi être très lourdes et faire que l'embryon n'ira pas jusqu'au bout de son développement, provoquant une fausse couche. Elles peuvent aussi être difficiles à porter, comme une mutation sur le gène CFTR, qui peut provoquer une mucoviscidose, ou sur le gène DMD, qui peut conduire à une myopathie de Duchenne.

À l'inverse, ce codage peut attribuer à certains une très forte résistance au développement de cancers, un système immunitaire particulièrement puissant pour combattre les infections. Il arrive encore que certaines erreurs provoquent d'autres avantages inattendus. C'est le cas du « patient de Berlin », de son vrai nom Timothy Brown, un Américain testé en 1995 positif au VIH qui a pu subir douze ans plus tard dans la capitale allemande une transplantation de moelle osseuse d'un donneur porteur lui-même d'une mutation dans le gène CCR5. Il est apparu que cette mutation conférait aux cellules une résistance particulière aux cellules du sang infectées par le virus du sida. À ce jour, il est le seul patient connu à avoir guéri du VIH grâce à une greffe du gène CCR5 muté.

C'est de cette partition que naissent toutes nos différences. Son exécution prend neuf mois et plus, car même après la naissance elle se poursuit. Voilà ce qui était étudié dans les laboratoires de François Jacob et Jean-François Nicolas : comment la partition génétique était interprétée durant toute l'embryogenèse chez les mammifères jusqu'au moment de la naissance ; quels étaient les ordres donnés, quels gènes faisaient la segmentation, quelles étaient les répartitions des cellules, quel était le mouvement cellulaire, comment fonctionnait tout cet orchestre, de la fécondation à la naissance de la vie, dirigé par le grand chef ADN ordonnateur et maître du jeu.

Cette histoire de l'embryogenèse jusqu'à la naissance humaine était évidemment passionnante. Mais si énormément de choses sont connues, nous sommes encore très loin de tout savoir. Ce que je souhaitais pour ma part, c'était utiliser toutes nos connaissances pour des applications thérapeutiques. Soigner les humains, telle était mon obsession. Richard Mulligan et moi-même étions d'accord. Nous nous sommes fixé comme objectif d'utiliser les technologies d'édition de gène, non pas pour comprendre comment l'ADN fonctionne, mais pour le réparer quand il ne fonctionne pas. Richard, en grand spécialiste de la thérapie génique, ne pouvait voir dans l'édition de génome que son aboutissement. Nous allions tenter de trouver le moyen de corriger certaines fautes d'orthographe que peuvent trimballer nos gènes. À commencer par les plus débilitantes.

Les chercheurs de Boston ne connaissaient que vaguement nos travaux de Paris. Ils n'étaient pas loin de considérer nos ciseaux comme un jouet bon à faire du couper-coller et comprendre comment ça coupait et comment ça collait. J'ai donc réalisé un transfert de ces technologies dans le laboratoire de Richard. En 1997, nous avons commencé à travailler sur la possibilité de fabriquer des ciseaux à volonté, mais que l'on pourrait diriger avec toute la précision indispensable sur des gènes dignes d'intérêt.

Il nous importait d'abord d'essayer de créer des ciseaux à visée thérapeutique capables de reconnaître la séquence déficiente à modifier. Les recherches furent difficiles, l'ingénierie des protéines en était encore à ses balbutiements. Nous commencions cependant à trouver des concepts que l'on fera breveter deux ans plus tard. Nous avons mis au point des ciseaux à ADN génériques reposant sur toute une nouvelle classe d'enzyme : les ciseaux à ADN aux pouvoirs thérapeutiques.

Ces innovations permettaient d'entrevoir pour la première fois de réelles possibilités d'applications thérapeutiques. Elles ont assez vite suscité beaucoup de curiosité et d'intérêt. Dans les congrès, la « rechercho-sphère » se penchait sur la question. Les usurpateurs ne tardèrent pas à pointer leur nez avec des approches qui se sont révélées fumeuses. L'idée a commencé à se répandre dans le monde entier. Cependant, les applications pour le grand public semblaient encore inatteignables à l'époque. On était dans les « il n'y a qu'à » et « il faut qu'on ». Tant qu'on en restait à ce stade, le reste du monde s'en moquait éperdument.

La grande course

L'étude du vivant est très complexe. Pour étudier un problème très complexe, il suffit de le découper en sous-problèmes, puis en sous-sous-problèmes, et ainsi de suite, jusqu'à arriver à un problème simple qui puisse être résolu. Dans le cas du vivant, la profondeur des x sous-problèmes est si énorme qu'elle en est intimidante. Par exemple, quand à la fin des années 1980 je mettais trois mois pour déchiffrer 4 000 lettres dans l'ADN, si j'avais été contraint de poursuivre sur le même rythme, il m'aurait fallu 4 millions d'années pour arriver au bout des 6,4 milliards de lettres du génome humain. On peut imaginer que les choses s'accélèrent et que les technologies évoluent, mais ma prédiction de l'époque était qu'il nous aurait fallu au moins cinquante à soixante ans, ce qui semblait ambitieux face aux 4 millions d'années entamées à ma vitesse d'escargot.

Les technologies évoluent toujours à une vitesse à laquelle on ne s'attend pas. Souvent plus lentement qu'on ne le pense, mais parfois plus vite. Quand c'est plus rapide, cela surprend. Un biologiste ne peut jamais anticiper. En particulier, le biologiste que j'étais n'anticipait pas à l'époque les progrès qui étaient hors du secteur des sciences de la vie lui-même, à savoir ceux de l'informatique d'une part et ceux de la robotique de l'autre. Comme dans bien d'autres domaines, les deux nous ont propulsés dans une nouvelle dimension. On a commencé à faire les choses beaucoup plus vite. Le char à bœufs s'est transformé en voiture, puis en bolide de course. Nous pouvons espérer le jet et la fusée dans les années qui viennent.

La grande révolution de l'aube du XXIe siècle dans le domaine des sciences de la vie, c'est la robotique. J'ai utilisé Internet à ses tout débuts mais, comme il n'existait que très peu de sites, les recherches étaient rapidement effectuées. L'informatique, quoique sommaire, devenait alors une science propre en soi : la bio-informatique. La robotique a été plus rapidement utile. Un robot, ça ne se plaint pas et ça refait toujours la même chose sans trop se planter.

Les robots ont rapidement envahi les laboratoires pour effectuer des millions d'expérimentations, pour résoudre les millions de sous-problèmes permettant d'aborder l'ensemble d'un problème complexe. Robots séquenceurs d'ADN, robots piqueurs de cellules, manipulateurs de clones, rangeurs de tubes, et j'en passe : ils nous ont tous permis de faire des tas d'expériences dans un temps très court. L'informatique suivait pour assembler les millions de données accumulées par les robots, souvent sans que nous sachions quoi en faire. Quand nous avons commencé à faire du séquençage « à la main », on pouvait mettre au moins six mois pour passer en revue 10 000 lettres. Un robot accomplissait cette tâche en quelques heures et, de plus, l'informatique nous assemblait ensuite les séquences et nous les présentait de façon digérée et graphique. Résultat : le séquençage de la totalité du génome humain, projet lancé en 1990, était terminé en 2003. 1990-2003 : treize ans ! Pas cinquante ans ou mille neuf cents ans. Cette première lecture a coûté la bagatelle de 3 milliards de dollars. L'équivalent d'un projet d'exploration spatiale.

Cette entreprise avait pu être menée à bien grâce à un programme mondial, initié en Europe, auquel était associé le laboratoire de Bernard Dujon : le programme HUGO (Human Genome Organisation). Des firmes américaines, en particulier Human Genome Science, Millennium et Celera Genomics, dirigé par Craig Venter, biotechnologiste et… homme d'affaires avisé, ont commencé, dès les années 1990, à se lancer dans l'aventure. Venter disait qu'il allait battre tout le monde, qu'il allait séquencer tous les gènes, qu'il déposerait des brevets sur tout ce qu'il découvrirait et que tous les gènes appartiendraient à Celera, qu'il allait gagner plein d'argent grâce à ces découvertes. Les autres se sont engouffrés dans son sillage. En France, on rigolait, on disait que ce travail n'était pas sérieux et que ces gesticulations n'étaient pas de la vraie science.

De là pourtant une véritable folie financière est née. On cerne ainsi toute la différence entre l'Europe et les États-Unis. En Europe, les chercheurs « sérieux » se sont laissés complètement déposséder de ce concept de séquençage du génome. L'idée était européenne à la base mais, avec des financements publics anémiques et frileux, l'intendance n'a pas suivi. De l'autre côté de l'Atlantique, avec de l'ambition et l'amour du risque, ont été levés en un temps record des centaines de millions de dollars, des milliards de dollars, qui ont permis d'acheter des millions de robots et d'ordinateurs. S'est créé alors tout un business, le business de la génomique.

Craig Venter, entre-temps, a commencé à séquencer l'ensemble des gènes exprimés du génome humain, plein d'ADN, en se faisant une incroyable publicité, annonçant partout qu'il aurait fini en l'an 2000, ce qui après coup s'est révélé être un peu exagéré, les finitions n'étant pas terminées. Totalement mégalomane, il a décidé que le premier génome humain séquencé serait le sien. Un tsunami se déclenche et de nombreuses autres entreprises, dont la plupart se trouvaient aux États-Unis, lui ont emboîté le pas. La France, peu attirée par le risque et dans une volonté de faire un travail sérieux, a été complètement dépossédée de ses premières avancées en génomique, à coups de communiqués de presse et de sommes astronomiques levées.

Ces Américains généraient des fortunes. Certains ont gagné beaucoup d'argent, jusqu'au jour où cette nouvelle bulle, la « bulle génomique », a explosé en l'an 2000. Entre 1996 et 2000, des milliards de dollars ont été investis dans des projets complètement délirants. Aux États-Unis mais aussi en Europe, on a enfin fini par s'inquiéter des projets fous de Celera et de Human Genome Science. Venter déposait des brevets sur tous les gènes humains qu'il séquençait. À ce rythme, il menaçait de devenir le propriétaire exclusif de l'ADN humain. Bill Clinton et Tony Blair, lors d'une déclaration du 26 juin 2000, ont décrété un moratoire interdisant l'octroi de ce type de brevets. Les Français qui, au début des années 1990, étaient tellement en avance sur la cartographie du génome humain mais engagés dans une course raisonnable et sérieuse, à l'européenne, avaient bien vu tous ces chercheurs dopés au billet vert leur passer devant. Au lieu de sprinter, ils se sont assis au bord du champ. Ils ont regardé les robots et les ordinateurs américains qui, telles des moissonneuses-batteuses rutilantes, fauchaient l'ensemble de la récolte du génome sur des terres qu'ils avaient eux-mêmes ensemencées. Ils se sont tout juste contentés de glaner les quelques épis qui restaient à terre.

L'Institut Pasteur, connu essentiellement pour ses prouesses concernant les maladies infectieuses et les vaccins, n'avait pas la culture du capital-risque. Issu d'une culture de l'économie à l'ancienne, entretenue par des gestionnaires bons pères de famille, ce n'était que par sa relation avec l'industrie pharmaceutique et l'État que les choses avançaient. Cette course folle aux milliards de dollars et aux projets privés pharaoniques était simplement un concept incompréhensible pour les gardiens de cette noble maison.

Craig Venter a finalement gagné. Financièrement, stratégiquement et intellectuellement. Ce n'est pas lui qui a vraiment gagné la course pour séquencer l'ensemble du génome humain, non ! C'est bien le consortium mondial qui a fini proprement le travail et assemblé une à une, dans l'ordre, l'ensemble des lettres qui composent le texte du programme génétique de l'humain. Craig Venter a gagné la course médiatique, la course à l'argent, la course à la création d'un contexte économique et social dans le secteur de la génomique aux États-Unis. Il a provoqué la course et l'a gagnée. En Europe, le monde scientifique le méprisait, mais on n'a pas su courir avec lui, on n'a pas su se battre, on a jeté l'éponge tout de suite. Puis, quand nous nous sommes rendu compte que la stratégie de l'argent-roi allait l'emporter, nous nous sommes précipités trop tard, fin 1999-début 2000, et là, la bulle génomique nous a explosé au visage. Toute nouvelle initiative dans ce domaine était aussitôt emportée dans le chaos des marchés financiers. Un hiver nucléaire de cinq ans allait s'abattre, repoussant toute nouvelle levée de fonds sur les marchés boursiers. La porte était désormais verrouillée.

En dépit de ce que certains peuvent encore prétendre, ce qu'annonçait Craig Venter est arrivé. On a commencé à tout séquencer. Tout ce qui est vivant actuellement est séquencé ou le sera. On a séquencé le génome du riz, ceux du blé, du soja, de la souris, de la mouche, de n'importe quoi. Vous, moi, nous serons tous séquencés.

Les informations sur ces génomes séquencés sont stockées de manière centralisée. Il se trouve aux États-Unis une banque de génomes, regroupant toutes les séquences d'ADN existant au monde, y compris bien sûr les séquences du génome humain dans sa biodiversité. Des millions de personnes, on n'a pas le chiffre exact, ont déjà fait séquencer leur génome et il est probable que tout finira dans cette grande banque américaine, le NCBI, ou National Center for Biotechnology Information. Toute cette information est disponible en libre accès sur le site Internet du NCBI à l'ensemble de la Planète.

On y trouve déjà quelque chose qui s'appelle *Human Ref* : c'est un consortium sur un génome humain de référence, conçu comme une sorte de « séquence consensus » sur ce que doit être l'humain. Cela ressemble à quoi ? On ne sait pas. Le « consensus » s'ajuste au fur et à mesure qu'il y a plus d'humains qui se sont prêtés au séquençage. On s'approche d'une espèce de méta-génome humain qui pourrait aboutir à une séquence unique de référence, d'où l'expression *Human Ref*.

Il faut bien réaliser que tout peut être séquencé. On va tout savoir : quel est le génome du bois de cette table ? Quel est le génome du bougainvillier dans le jardin ou de la grosse mouche bleue accrochée au papier tue-mouche ? Imaginons-nous que chacun des organismes vivants de la biodiversité sur la surface du globe sera un jour séquencé. Actuellement, il y a déjà des bateaux qui sillonnent les mers et qui remontent tous les microbes qui s'y trouvent. Ils sortent tous les micro-organismes et les séquencent. Tout ce qu'ils trouvent, ils le ramènent à la surface et les résultats partent à la banque. Même ce qui n'est plus vivant est récupéré, à l'instar des séquences du tyrannosaure Rex, de quelques diplodocus, de tas d'organismes qui n'existent plus. Mieux : on sait éditer à présent ces séquences-là.

Au départ, nous cherchions seulement à pouvoir éditer ces séquences afin de les reprogrammer, de changer, modifier, arranger ou réécrire des gènes. Imaginez-vous demain, vous l'humain, rentrant dans une grande bibliothèque où sera écrit le grand livre de la vie. Où l'on pourra trouver la formule, le génome, l'exécutable d'un humain, et même le méta-exécutable de l'humain en général, de la souris, du blé, de la vache, de l'éléphant, du mammouth, ainsi que chacune de ces espèces sous toutes ses variations et ses subtilités oblitérant de ce fait tout concept de race. On pourra même faire des comparaisons entre toutes. Si le mammouth et l'éléphant sont relativement similaires, peut-être que l'on pourra faire des modifications dans le génome de l'éléphant et y rééditer potentiellement le génome du mammouth pour lui redonner telle ou telle caractéristique. L'humain devient un programmateur de la vie. Un éditeur de la vie.

Oui, nous arriverons un jour, plus tôt que nous le pensons, à la résurrection du mammouth. On y arrivera c'est sûr, les histoires qui sont racontées dans *Jurassic Park* seront réelles un jour parce qu'à partir du moment où on arrive non seulement à lire mais aussi à réécrire ou à rééditer, une étape que l'on est en train de franchir aujourd'hui, on arrivera à synthétiser un génome entier, c'est-à-dire à le recréer.

Les premiers chromosomes artificiels ont déjà été fabriqués, en particulier avec la participation de chercheurs de l'Institut Pasteur comme Romain Koszul. C'est un début. C'est l'étape ultime, c'est le futur, si l'humain ne s'autodétruit pas d'ici là. Si on est encore sur Terre, on arrivera à designer des génomes entiers, c'est ce qu'on appelle la biologie de synthèse. L'homme synthétise de la biologie. Il la produit à partir de son intelligence. Moi, biologiste, je peux m'asseoir devant mon ordinateur et me mettre à écrire des lettres : A B C D, ou plutôt GTTATCTTGCCTA..., des millions de lettres qui s'assemblent, qui ont un sens, qui codent pour une fonction, un groupe de fonctions, un organisme. C'est du « design » de génome. Je vais prendre tel gène ou tel groupe de gènes, avec telles fonctions – je connais à peu près les gènes qui ordonnent le développement embryonnaire – je vais choisir telle fonction génétique, la modifier, et commencer à écrire un génome *ex nihilo* sur un ordinateur connecté à la base de données du méta-génome avec de l'assistance. Ce génome ne va peut-être pas fonctionner immédiatement, mais je vais pouvoir, par petites touches, l'éditer, faire quelques petites modifications pour le rendre viable et fonctionnel.

Cela peut paraître fou, mais c'est ce qu'annonce la deuxième étape dans laquelle se sont déjà engagés de nombreux chercheurs dont... Craig Venter. Il a, à partir de produits chimiques inertes, des bases, entièrement re-synthétisé le génome d'un organisme vivant, le mycoplasme. L'homme devient concepteur d'espèces. Et puis, ce n'est pas nouveau chez l'humain : n'y a-t-il pas des gens qui pensent à leur résurrection ?

Les coulisses d'une aventure

À l'instar de ce qui s'est passé dans le domaine de la génomique dans les années 1990, l'édition de gènes entre aujourd'hui dans une phase d'engouement formidable. À partir du moment où on se dit qu'on va pouvoir tout éditer sur le génome, ressusciter les mammouths et peut-être même toute votre famille, tout le monde s'enflamme et s'y intéresse. Une course se déroule en ce moment, le coup de pistolet a été donné. Jusqu'à il y a encore un an, elle s'est disputée à l'intérieur de la communauté scientifique, mais elle donne lieu à un tel acharnement, une telle valse de millions et de milliards, qu'on se bouscule de plus en plus dans les tribunes.

Dès l'instant où on a sorti ce concept d'édition de génome, les personnes les plus averties ont vite compris que se creuse sous nos pieds un gisement sans fond. Mais la difficulté d'accès à la technologie en freine l'avancée. Après avoir cru se lancer dans une nouvelle ruée vers l'or blanc (l'ADN a une couleur blanche), la plupart ont dû faire demi-tour.

Tout le monde a voulu faire de l'édition de génome en pensant qu'il n'y avait rien de plus facile. Dès 1998, je me suis rendu compte que de nombreuses personnes commençaient à concevoir des technologies complètement farfelues. Et je me suis alors dit : « Si tu ne te bouges pas, si tu ne quittes pas tes laboratoires, tu vas te faire à ton tour coiffer au poteau. » Enfin, en décembre 1998, j'ai décidé de créer une société, à l'instar de ce qu'avait fait Venter et compagnie. J'ai écrit le business plan de Recomb, qui deviendra plus tard Cellectis, sur un concept d'un genre totalement nouveau : l'ingénierie des génomes. Lorsque j'ai jeté les bases de mon business plan, on ne savait toujours pas comment modifier un génome de façon puissante et efficace. Il s'agit de concevoir quelque chose qui ne serait pas qu'un bel outil de recherche mais un vrai produit d'édition de gène capable d'être utilisé par l'industrie et de soigner des gens.

Je ne me suis jamais vu faire de la recherche toute ma vie. La recherche fondamentale n'était pas faite pour moi. Être chercheur en biologie dans le monde académique, même si on appartient à une équipe, reste un travail de l'ombre, solitaire. L'objectif est de faire avancer la science, mais aussi d'inscrire son nom dans l'histoire des sciences et avec comme objectif ultime, le Nobel.

Pour réaliser mon objectif, il fallait réaliser un travail d'équipe où le collectif prime sur le personnel. Une collaboration où succès et échecs sont partagés. La recherche académique en biologie n'est pas organisée en ce sens. De plus, elle ne dispose pas d'assez de moyens. Des projets dépendant trop des subventions. Des résultats attendus avec des délais trop courts. Des pertes de temps à négocier et des projets toujours jugés trop ambitieux à justifier. Le seul moyen de trouver des financements était de mettre une vingtaine, une cinquantaine, une centaine de personnes sur un projet commun, et de monter une société. J'étais profondément convaincu qu'il y avait vraiment un concept économique fort, un business d'une puissance sans limite derrière tout cela. Et j'étais complètement seul à le penser.

Ma carrière scientifique était jusqu'alors fondée sur l'édition de génome. J'ai donc décidé de me lancer dans un projet de création d'une entreprise spécialisée dans l'édition de gène à partir de nucléases à façon et avec pour premier outil les méganucléases. Mon objectif : mettre au point des produits pour soigner les maladies génétiques et combattre les virus, mais aussi créer de nouvelles variétés et espèces dans un but industriel et de recherche. L'ingénierie des génomes était née.

Mon idée était de monter la société à Boston parce que j'étais installé là-bas et que c'était plus facile d'y lever des fonds, le monde du capital-risque bostonien étant riche et expérimenté. Mais l'Institut Pasteur était toujours mon employeur. Sa direction m'a proposé un marché : si tu veux des licences sur des brevets que tu as déposés, on te les donnera, à la condition que tu reviennes à Paris et que tu montes ta société comme un essaimage industriel de l'Institut. À l'été 1999, je reviens en France pour créer, avec mon ami depuis dix ans David Sourdive, la première société spécialisée dans l'édition de génome au monde. Nous étions bien seuls à l'époque, David et moi. Nous avions bien du mal à susciter l'intérêt et à dénicher de l'argent.

Nous avions cependant donné le signal du départ. Quelques entrepreneurs se sont engouffrés dans notre sillage, avec des technologies à la robustesse peu avérée, qui défrayaient la chronique et s'éteignaient comme des fétus de paille. D'autres technologies plus solides commençaient à sortir, en particulier les protéines à doigts de zinc, qui pouvaient être ingéniérées pour reconnaître des séquences prédéterminées de l'ADN. C'était bien la preuve que, si on ne bougeait pas, on allait être totalement dépassé.

David et moi avons créé cette société. Certains me disaient : « Mais pourquoi tu fais ça ? » Pourquoi, question bien française, serais-tu plus intelligent que les autres ? Je me souviens d'une journaliste qui m'a dit : « Vous me faites penser à un vendeur de clé de 12,5, qui est le seul au monde à faire des clés de 12,5 mais qui a oublié qu'il n'y a malheureusement pas de boulon de 12,5 à serrer. » D'autres ne prenaient même pas la peine de nous poser des questions, nous assurant de leur dédain. Dans mon for intérieur, j'étais convaincu que l'on finirait par intéresser plein de monde, on allait bien voir !

Trois ans plus tard, une société californienne du nom de Sangamo BioSciences, qui concentre les technologies de doigts de zinc, intègre une nouvelle technologie venant de l'université Johns Hopkins et permettant la fusion entre les doigts de zinc et une tête coupeuse d'ADN pour rediriger la coupure dans n'importe quel endroit du génome. C'est ce qu'on appelle les nucléases à doigts de zinc. Doucement, Sangamo recentre son activité sur l'édition de génome ! On se retrouve à deux sur le même terrain.

En 2006, une troisième société se monte en Caroline du Nord, Precision BioSciences, encore des Américains. Eux, on avait l'impression qu'ils copiaient mot pour mot tout ce que l'on disait. L'édition de génomes commence à intéresser, ils nous piquent des clients. Ils ne sont pas mauvais, on commence à batailler avec eux. On y a perdu des plumes. C'était vraiment compliqué. Ils travaillaient sur les méganucléases, sur les mêmes pistes que nous. C'était un bon filon, ils faisaient des bonnes choses et avaient du talent. La petite équipe de chercheurs qui y travaillait était de bonne qualité, elle travaillait dur.

Tout cela prouvait en tout cas que les boulons de 12,5 allaient bien exister. L'industrie pharmaceutique commençait à être intéressée, celle de l'agroalimentaire également. Mais nous avions affaire à une technologie très compliquée à mettre en œuvre, qui exigeait six mois pour la fabrication d'une nucléase. La mise en application thérapeutique s'annonçait ardue, ce qui repoussait considérablement tout espoir d'une application rapide à l'homme. Nous nous sommes tous lancés dans une course effrénée pour essayer de fabriquer les outils les plus puissants afin de pouvoir corriger une mutation. Avec au balcon des investisseurs qui attendaient la fumée blanche… La pression était énorme, évidemment. Nous comptions déjà chez Cellectis près d'une cinquantaine de chercheurs.

En 2009, notre directeur scientifique, Frédéric Pâques, Fred pour les intimes, général en chef de nos « commandos » de recherche et visionnaire hors pair, me propose de tenter la diversification dans le domaine de l'agriculture. Son idée est de convaincre le plus brillant chercheur au monde dans le domaine de l'édition de gène des plantes, Dan Voytas, professeur de génétique à l'université du Minnesota, d'en devenir le directeur scientifique. Dan se laisse convaincre. On démarre une société qui utilisera l'édition de génome pour créer de nouvelles variétés de plantes et qui s'appellera Cellectis Plant Sciences.

À Paris, nous en étions toujours à discuter entre nous pour savoir comment donner à l'édition de génome une application thérapeutique. Deux approches se distinguaient : soit éditer le génome *in vivo*, c'est-à-dire directement dans le corps, chose difficile impliquant de modifier beaucoup de cellules pour que l'effet thérapeutique soit avéré ; soit *ex vivo*, hors du corps : on extrait des cellules, on les modifie, on les contrôle, voire on les trie pour ne garder que les meilleures, et puis on les réintroduit chez le patient.

Avec cette solution, il était possible d'envisager de fabriquer des cellules tueuses de cancer, les cellules T, auxquelles une tête chercheuse de cellules cancéreuses a été ajoutée. Cette tête chercheuse s'appelle un CAR (récepteur antigénique chimérique). C'est encore Fred, notre visionnaire en chef, qui dans un congrès scientifique aux États-Unis rencontre deux chercheurs – l'un français vivant aux États-Unis, Michel Sadelain, l'autre américain, Carl June – qui lui démontrent la puissance potentielle que pouvaient représenter les cellules T armées de CAR (CAR T) pour lutter contre le cancer. À l'époque, personne ne parlait de cellule T ni de CAR, aucune preuve clinique n'ayant encore été apportée.

Lorsque Fred revient à Paris après ce congrès, il me dit que dix ans après la création de Cellectis, s'il existait une seule application qui pouvait servir l'intérêt des patients avec l'édition des génomes dans un court terme, c'était les CAR-T. L'utilisation de méganucléases pour éditer le génome de la cellule T permettrait de rendre ces produits puissants et industrialisables, donc attractifs pour l'industrie pharmaceutique. C'était la première fois que j'entendais parler des *CAR-T cells*. Qu'à cela ne tienne, je lui donnais mon accord pour avancer sur cette approche tout à fait inédite contre le cancer.

La loi du TALEN

L'idée de ces CAR-T était attirante, mais on avait du mal à « implémenter » cette technologie avec les méganucléases. Elles se sont révélées difficiles à ingéniérer et les cellules T ne les aimaient pas trop.

Arrivé de Minneapolis, Dan Voytas, qui était vite devenu l'un des nouveaux maîtres en la matière, vient me voir sous l'abribus situé juste en face de notre site, implanté à l'époque dans le « 9-3 », à Romainville. C'était le seul l'endroit où, les jours de pluie, on pouvait venir griller une cigarette. Il me dit qu'il aime bien les méganucléases, mais que, finalement, elles ne sont pas si terribles que ça compte tenu la complexité pour les produire. « Je sais que c'est ton invention, commence-t-il à m'expliquer, que tu travailles là-dessus depuis des années, que c'est ta fierté, mais je viens de faire une découverte toute nouvelle, les *TAL effector nucleases* », que nous appellerons plus tard les TALEN (*Transcription activator-like effector nucleases*). « C'est beaucoup plus facile à fabriquer, me dit-il, ça prend une semaine ou deux maximum, et surtout c'est très précis et très efficace. » Il était convaincu d'avoir découvert une technologie innovante qui allait dépasser complètement les *zinc fingers* et les méganucléases.

Je donne le feu vert. Le général Fred était en vacances. Philippe Duchateau, qui lui a succédé deux ans plus tard, mobilise nos équipes pour tester la nouvelle découverte de Dan. On commence à essayer les TALEN. Dès novembre 2010, nous nous rendons compte qu'effectivement cela marche diablement bien pour éditer un génome, beaucoup mieux que nos méganucléases. c'est bien plus facile et plus rapide à mettre en application, plus précis, moins cher, et surtout, comme tout outil qui coupe l'ADN, les TALEN ne marchent pas uniquement dans les plantes, mais dans tout le vivant. L'ADN c'est l'ADN, c'est le même partout. Il est universel ! Si des ciseaux marchent sur l'ADN de la plante, ils fonctionneront aussi sur l'ADN des humains ou de n'importe quelle espèce présente sur Terre. La technique n'a pas de restrictions, et c'est bien pour cela que nous étions face à quelque chose d'incroyable. Et c'est pareil pour tout ce qui peut couper l'ADN avec une grande précision.

Un mois se passe et j'étais devant ce dilemme qui me forçait à choisir entre ma fierté d'inventeur et mon devoir d'entrepreneur. Persévérer dans la technologie que j'avais moi-même conçue ou changer complètement de cap et foncer sur les TALEN. J'ai alors opté pour la seconde solution. Aucun mérite ! J'ai toujours pensé qu'il n'y avait rien de plus néfaste pour un chercheur que de rester enchaîné à sa technologie. Tomber amoureux de sa « techno », c'est se condamner à terme, car il n'y a rien de plus obsolescent que la technologie.

Les TALEN sortent. On peut faire une nucléase en quelques jours. On commençait à en vendre énormément. C'était l'excitation générale. Une nouvelle course au TALEN était engagée. Tenir un TALEN faisait de toi un éditeur de génome. Alors on avait sorti ce slogan publicitaire : « Vous êtes TALENtueux. » L'outil est le vecteur du talent.

Le grand secret des TALEN, outre le fait qu'ils sont faciles à élaborer et qu'ils sont très précis, c'est que les cellules les aiment bien. Les méganucléases marchaient très bien, mais elles étaient difficiles à élaborer et bien moins précises. Les nucléases à doigt de zinc, *zinc fingers*, étaient plus faciles à produire mais fonctionnaient moins bien et étaient un peu toxiques. Arrivent donc les TALEN, que l'on peut fabriquer en une semaine et qui peuvent cibler exactement l'endroit où doit se faire la modification.

Bien entendu, une découverte ne se fait jamais facilement. Dan Voytas invente les TALEN avec deux autres Américains : Feng Zhang, d'origine chinoise, et Matthew Moscou. De l'autre côté de l'Atlantique, deux chercheurs allemands, Jens Boch et Ulla Bonas, de l'université de Halle-Wittenberg, jetaient les bases du fonctionnement du code TAL. Les publications tombent, comme à chaque fois, en même temps. C'est soudainement une rupture de paradigme à laquelle on assiste dans ce domaine-là : l'édition des gènes se démocratise.

Évidemment, cette démocratisation va s'opérer à la vitesse « grand V ». Chacun comme toujours a commencé à tirer la couverture à soi. Des tas de sociétés fabriquant des TALEN surgissent, avec en tête les Chinois, les Japonais et les Coréens, et bien sûr les Français, soutenus par l'INSERM, chacun s'affranchissant des règles élémentaires de la propriété intellectuelle et de celles du commerce.

Le tsunami

Fin 2012, Cellectis s'est positionnée pour envahir le monde de la recherche aussi bien académique qu'industrielle avec ses TALEN. Les plaquettes commerciales sont prêtes, les forces de ventes en pleine expansion, le chiffre d'affaires a doublé en un an, et 2013 semble être une année pleine de promesses. Au cours du premier trimestre 2013, les TALEN se vendent bien. On vient alors me voir dans mon bureau pour me parler d'une nouvelle classe de nucléases du nom de CRISPR-Cas9. Il s'agit d'une technologie rendant la nucléase très facile à fabriquer. On teste les CRISPR, qui fonctionnent bien. On se pose la question de savoir si nous devrions en commercialiser aussi avec les TALEN. Comme un TALEN, un CRISPR peut être fabriqué en une semaine, sauf que, là, aucune connaissance spécifique n'est requise. N'importe quel biologiste sachant se servir d'un ordinateur peut mettre au point un CRISPR pour cibler un gène dans le génome. Il lui suffit de passer commande d'un ARN à une société de services classique et ça y est, il devient éditeur de gènes. Au deuxième trimestre 2013, nos ventes de TALEN sont plates, elles commencent même à régresser à la mi-mai. Ceux qui nous achetaient des TALEN les ont abandonnés pour se précipiter sur les CRISPR en accès libre et qui ne nécessitent pas de passer par une société commerciale comme Cellectis. C'est brutal, l'explosion, le tsunami ! Ce n'est plus une démocratisation mais, pourrait-on dire, une popularisation absolue de l'édition de génome qui se met en marche.

En effet, l'édition de génome est devenue extrêmement populaire et ce phénomène touche peu à peu tous les laboratoires dans le monde. Et même nos bistrots. Les gens se posent des questions. Qu'est-ce qu'on va pouvoir faire avec ça ? On pourrait changer la couleur des yeux des gens, ah oui, c'est génial ! Ou la couleur de leur peau. Dingue ! La popularisation de CRISPR en a fait un sujet de comptoir. L'édition de gène devient un thème de société poussé par une vague médiatique CRISPR sans précédent, dont la concrétisation dans la société n'est pas faite par CRISPR mais par d'autres technologies, les TALEN, peut-être pas aussi simples à composer, mais tellement précises et plus puissantes.

C'est la situation actuelle.

Une situation dont, comme d'habitude, peuvent s'estimer responsables en partie nos grandes revues scientifiques. Dans notre monde de la recherche, les publications importantes, majeures, les « premiers grands crus classés » sont *Nature*, britannique, *Science* et *Cell*, américaines. Oui, aucune française ! Ces trois publications sont les références auto-proclamées des sciences de la vie. Malheureusement, elles mettent la barre tellement haut, en portant leur intérêt sur des travaux titanesques, qu'elles négligent souvent des inventions complètement incroyables mais qu'on ne pourra dénicher que dans des revues souvent moins réputées. En outre, la pression de publier dans ces revues faiseuses de rois est telle qu'elles ont un taux plus élevé de rétractations de publication que les autres. En conséquence, pour se protéger, elles ont autour d'elles une sorte de club de laboratoires, à dominante anglo-saxonne, qui y ont plus accès, laissant les petits labos dans la suspicion de ne pas être au niveau.

Bien des fois, ces trois périodiques, qui font la pluie et le beau temps, passent à côté des grandes innovations. Mais quand elles ont l'impression d'être tombées sur une vraie invention, elles peuvent artificiellement la mettre en scène en lui octroyant une publicité et un impact planétaire pas toujours justifiés. Mais, ne dit-on pas que « la perception est la réalité » ? Usant et abusant des plus grosses ficelles de la communication *made in USA*, passant à la trappe trente années d'édition de génomes, ces grandes revues réécrivent l'histoire, revisitent la réalité et en remodèlent la perception.

Ainsi a-t-on oublié toute la complexité des applications. Qu'est-ce qui est faisable avec ces technologies ? L'édition de génome repose sur deux critères importants.

Le premier critère, la précision de la coupure, est essentiel. Soit on y va au napalm, on arrose tout autour de la cible, on prend une bombe puissante pour espérer atteindre le bunker, soit on procède à la façon d'un guidage laser de missile : on vise le même bunker mais on peut quasiment faire rentrer le missile par son tuyau de ventilation tellement la précision est grande. Un TALEN est capable de rentrer par le tuyau de ventilation, il est quasiment capable d'atteindre directement la bonne lettre. Un CRISPR peut taper sur le bunker, une méganucléase ou un *zinc finger* aux alentours.

Le second critère est l'efficacité, s'épargner les dommages collatéraux. Le TALEN donne cette assurance. Pas le CRISPR. Il utilise l'ARN, le message de l'ADN, comme guide pour cibler un gène dans le génome, ce qui explique qu'il est facile à fabriquer. Mais il a tendance à altérer le génome à des endroits non souhaités. CRISPR, pour sa facilité d'accès, est très utilisé en recherche, mais on rencontrera plus de difficultés à l'employer dans des applications thérapeutiques et industrielles car le seul critère de la facilité d'accès n'est plus suffisant, alors que les difficultés d'application sont d'un autre ordre.

Le concept du CRISPR reste génial au niveau de la démocratisation de l'édition de gène. Grâce à lui, nous devenons tous des éditeurs de gène, mais cette démocratisation à outrance, cette excitation, similaires à ce qui a été constaté lors de la bulle de la génomique entre 1996 et 2000, sera aussi son talon d'Achille. Après les grandes paroles, les grandes déceptions.

On peut retenir l'année 2015 comme l'année qui marquera la fin de la préhistoire de l'édition de gène. Pour paraphraser Winston Churchill, ce n'est pas la fin, ni même le début de la fin, mais peut-être la fin du début. De l'édition de génomes, tout ce qui existe vraiment aujourd'hui, des vaches sans cornes aux micro-cochons, les gens soignés du cancer, le blé, les frites, le soja, le lait de soja, tout est fait avec des TALEN. Les spéculations extraordinaires qui fleurissent aujourd'hui sont inutiles puisque les choses existent déjà. Les promesses déconnectées d'une réalité proche, mais qui ne sont que des spéculations sur le potentiel d'amélioration de la santé de malades qui souffrent, ne peuvent que provoquer de grosses déceptions. Les malades qui vivent dans l'espoir d'un traitement proche et à qui on promet, à celui-ci de soigner sa mucoviscidose, à celui-là sa myopathie, écoutent, nous écoutent. Les chantres de la thérapie génique les ont déjà déçus dans les années 1990, pourront-ils supporter de patienter encore, le temps que ces technologies soient vraiment au point ? Entre-temps, comme pour la génomique ou la thérapie génique par le passé, l'argent aura été ramassé, les fortunes faites. Et le passé oublié.

La seule bataille qui vaille

L'homme a toujours dû porter sur ses épaules le poids de son destin. Il a toujours ressenti qu'il y avait un doigt pointé sur lui, le doigt de quelque chose, de quelqu'un, de Dieu diront ceux qui croient que rien de tout cela ne serait jamais arrivé si Ève n'avait pas fauté avec Adam ! C'est écrit, c'est dans mon ADN, et on ne change pas les écrits. C'était facile à comprendre, ce sont les concepts des religions du Livre. Reste que si la personne est malade, eh bien elle est malade. Moi je suis diabétique, moi je suis myopathe, moi j'ai un syndrome d'Alport... La médecine a surtout apporté jusqu'à ce jour des solutions traitant plus les symptômes de la maladie que l'origine de la maladie elle-même. Il faut vivre avec, l'accepter, l'homme, écrasé par son destin, n'a jamais eu d'autre choix.

Quand j'ai compris ce qu'était l'ADN, j'ai soudainement réalisé que la nature répondait à une sorte de « mécanistique » extrêmement précise et incroyablement organisée, un logiciel universel qui commande la vie. Le fait que rien ne soit laissé au hasard, que c'est mathématique, calculable, la certitude que l'on avait du pouvoir là-dessus, l'homme dans un geste ultime qui rentrera dans l'histoire dans cent, deux cents ou même trois cents ans, a pris en main la vie. On ne se rappelle pas vraiment du moment où il est passé du stade de chasseur-cueilleur au stade de « cloneur » mais c'est LE moment où l'homme a commencé à se civiliser. Il se libère de son destin à partir du moment où il devient éditeur de génomes, avec un « s ». Il va créer de la vie, il va améliorer sa vie, plus rien ne sera « écrit ». Tout restera à écrire. Plus rien dans son ADN ne sera définitif, il pourra le changer à volonté.

Une nouvelle page dans l'histoire de l'humanité s'ouvre. Le débat médiatique est lancé. L'homme va s'affranchir soudainement d'un destin et on ne sait pas encore où il va. N'y a-t-il rien de plus fantastique que de ne pas savoir où nous allons tandis que se présente à nous un formidable potentiel ? L'homme entre dans une ère où il va apprendre, peu à peu, à écrire la vie. La boucle est en train d'être bouclée, et le créé devient créateur.

Bien sûr, j'entends déjà la question : est-ce dangereux pour l'humanité ? On nuit à la vie avec des voitures polluantes, on nuit à la vie avec des armes, on nuit à la vie avec des milliers de choses, on peut même détruire la Terre avec nos bombes atomiques. Franchement, l'homme n'a plus rien à apprendre sur la façon de nuire à la vie. Sa principale menace est sa bêtise. Je trouve que la seule industrie automobile avec son diesel, en particulier en France, a fait déjà beaucoup plus de dégâts que ne pourra jamais en faire la biologie sur les cent prochaines années. Il n'y a pas d'ADN du diesel, mais il y a un ADN de la bêtise humaine à vouloir soutenir une industrie automobile qui continue allègrement de nous empoisonner. Tout cela pour garantir la compétitivité de cette industrie en France. Pour sauver 50 000 emplois, nous acceptons d'envoyer plus de 50 000 personnes à l'hôpital chaque année, depuis des décennies.

Avec les équipes de Cellectis, nous avons choisi d'apporter l'édition de génome à l'homme. À Paris, nous sommes près de 90 collaborateurs à travailler sur le développement des produits thérapeutiques. À New York, une quinzaine, au centre de la place du monde de la finance et de la communication mais aussi au cœur de l'innovation de notre civilisation. Enfin, à Minneapolis, 25 personnes se consacrent au développement de nos plantes. Tout ce que nous faisons converge vers un unique objectif : améliorer la qualité de vie des gens en agissant pour leur santé. C'est la seule bataille qui vaille. D'un côté des applications thérapeutiques, essentiellement contre les leucémies, avec les premiers patients traités, de l'autre, une nourriture meilleure pour la santé et l'environnement.

Nous maîtrisons déjà les applications de l'édition de gène pour le blé, le soja, les pommes de terre, des produits qui peuvent être mangés aujourd'hui. Si le XXIe siècle sera celui de l'édition du génome, le premier repas peut être servi dès aujourd'hui. Personne ne les a encore goûtés, mais ces produits issus de l'édition de génomes seront demain sur toutes nos tables. Ce sera irréversible. L'homme est en train d'entrer dans une nouvelle ère, celle où il va agir sur le vivant de façon extrêmement rationnelle et précise. Forger son futur avec comme matière première le passé.

2

Je clone, donc je suis

Du chasseur-cueilleur à l'homme sédentaire

Le clonage consiste à répliquer un même code génétique. C'est un calque. De vrais jumeaux sont un clone, et non pas deux clones, ce sont les « produits » d'un même clone. Exemples : les poulets dans une batterie d'élevage sont tous de la même espèce exactement, c'est un clone de poules. Un même cépage de vigne sur un terroir, c'est un clone d'une vigne. Donc un clone est la réplique du même ADN pour une même espèce.

Pourquoi « je clone, donc je suis » ? L'homme préhistorique était indistinct d'un animal. C'était un chasseur-cueilleur, il se comportait à l'instar des animaux, il trouvait de la nourriture sur son chemin, c'était soit des animaux qu'il tuait, soit des baies qu'il ramassait. Il vivait avec tout ce qu'il pouvait trouver de mangeable dans les plaines et les forêts. À un moment donné, l'homme a décidé de s'établir dans un habitat, de planter des végétaux pour se nourrir et d'élever des animaux qu'il allait croiser entre eux. Cet acte du passage de l'homme chasseur-cueilleur à l'homme sédentaire, on ne peut pas vraiment le dater. Mais cet acte, consistant à répliquer plusieurs espèces différentes pour pouvoir se nourrir et sélectionner au fur et à mesure les plus productives et les plus nourrissantes, peut être considéré comme l'acte civilisateur fondamental de l'homme.

Que réalisait l'homme en clonant ? Instinctivement, il s'efforçait de s'extirper de sa vie animale en tentant de se garantir des ressources permanentes indispensables pour son existence, mais surtout pour se multiplier. Manger, boire, survivre, cela ne permet pas de grossir une population. Il a essayé d'acheter du temps à certains membres de son groupe pour pouvoir sortir de ces obligations de survie, parler, transmettre. Au lieu de courir la forêt, de tuer des animaux sauvages et de manger des racines et des noisettes, instinctivement il s'est efforcé de « travailler » à sa descendance et d'offrir du temps à certains membres du groupe pour faire « autre chose ». Et de cette autre chose, nous tirons les bénéfices nous aussi de nos jours : c'est enseigner, transmettre, peindre, faire de la musique, écrire, fabriquer des armes, des maisons, converser, devenir plus nombreux. Ainsi l'homme s'est-il réservé du temps pour se civiliser, se sociabiliser, s'adonner aux « futilités » de l'art !

Depuis que l'homme est ainsi devenu vraiment homme, en se différenciant des autres espèces, il a aussi, par là même, assuré sa domination sur le monde du vivant. Il y est parvenu parce qu'il est devenu cloneur. Il a progressivement su sélectionner les espèces et croiser les meilleures caractéristiques des ADN qu'il trouvait dans la nature pour trouver les solutions les plus performantes, non seulement pour lui permettre de se nourrir, mais pour aussi pouvoir se multiplier. Se multiplier, donc communiquer entre les groupes et transmettre des savoirs, de l'information.

Une vraie accélération s'est produite à la fin du XIXe et au début du XXe siècle sous l'effet cumulé de deux raisons. C'était d'abord un moment où le réservoir naturel de caractéristiques disponibles dans l'ADN de la nature n'était plus suffisant pour subvenir aux besoins d'une population croissante. Est apparue ensuite la volonté de ne plus dépendre des aléas de la productivité des récoltes. L'homme a commencé à s'engager dans l'utilisation de produits chimiques ou de la radioactivité pour provoquer artificiellement des cassures dans l'ADN de certaines plantes. Ces mutations génétiques à outrance avaient pour but d'y découvrir, par hasard, de nouveaux traits. C'était une façon de donner un coup de pouce à la nature, un coup d'accélérateur sans précédent pour l'évolution des espèces. Du coup, nous sommes soudainement passés, en un peu plus d'un demi-siècle, de petits épis de blé ou de maïs aux fameux monstres de productivité que nous connaissons et consommons aujourd'hui, permettant de subvenir aux besoins de la Planète.

Les bases de la ségrégation des gènes lors du croisement des espèces et, par conséquent, du clonage sont apparues avec l'un des pères de la génétique actuelle, le moine et botaniste autrichien Gregor Mendel, qui a été le premier à percer les principes de l'hérédité biologique. Mais en réalité, tout ce qu'a fait l'être humain depuis le passage du stade de chasseur-cueilleur à l'homme sédentaire, c'est d'essayer d'améliorer ses performances de clonage pour pouvoir s'acheter du temps, mieux se nourrir, garantir et accroître sa descendance et asseoir sa domination sur la Terre.

Actuellement, une bonne partie de la population planétaire vit dans une société d'abondance. Cette société d'abondance fait que nous sommes beaucoup moins préoccupés par la recherche de la nourriture, ce qui a eu pour effet de provoquer une accélération des progrès dans les autres domaines de notre civilisation et de notre développement, nous en sommes chaque jour les témoins.

On devient vraiment homme quand on n'agit pas uniquement dans le but de survivre, que l'on a le moyen d'échapper aux contraintes de la survie quotidienne. Notre humanité recherche depuis des millénaires à accomplir des choses « futiles ». C'est ce qui nous distingue au bout du compte de toutes les autres espèces vivantes. Il peut exister des tendances, des courants de pensée, prônant, par réaction notamment aux visées transhumanistes, un retour en arrière, il n'est cependant pas possible que le mouvement dans lequel nous sommes engagés s'arrête un jour.

Personne ne manque de nourriture. Globalement, si nous prenons les 7,3 milliards d'êtres humains et la quantité de nourriture produite sur Terre, on peut affirmer qu'il y a suffisamment de nourriture pour tout le monde. Certes, on ne peut nier aujourd'hui que certains n'en ont pas assez et que d'autres en ont beaucoup trop, cette injustice n'est que trop douloureuse. Mais, au regard des chiffres, il n'y a pas un déficit global de production. Aux États-Unis, on m'a expliqué que les fermiers des grandes plaines agricoles du Midwest sont parmi les meilleurs joueurs de golf au monde. Depuis qu'ils ont recours aux OGM, ces fermiers ont beaucoup de temps pour travailler… leur swing. Ils ne veulent plus passer toutes leurs journées dans leurs champs, ils veulent que leurs céréales poussent toutes seules et pouvoir s'occuper à autre chose.

Voilà bien la première raison pour laquelle les OGM connaissent aujourd'hui un tel essor. On vend du temps aux fermiers afin de leur permettre à leur tour d'aborder les rivages de la « futilité ». Encore faut-il qu'ils soient en bonne santé. Le clonage a aussi fortement participé à l'amélioration de la vie des gens. Les progrès de la recherche biologique ont été tels depuis des années que l'on sait cloner des gènes, les isoler, les faire fructifier et les répliquer plusieurs fois avec une incroyable précision, produire les enzymes qui manquent, de l'hormone de croissance, de l'insuline, de l'EPO…

Le clonage de l'humain fait peur. Allons bon ! On peut cloner des individus depuis des années. On sait le faire. Ce n'est pas compliqué de cloner quelqu'un. On prend un embryon au stade de 4 cellules et on fait 4 jumeaux de la même personne, ce sera un clone de 4. On sera assailli par tous les médias de la Terre entière pendant quinze jours, c'est couru d'avance, sauf que tout cela ne servira à rien ! Quel bénéfice l'homme peut-il tirer d'un clonage humain ? Aucun. Par exemple, pour des jumeaux, quel avantage peuvent-ils tirer de leur gémellité, mis à part celui de pouvoir s'aimer entre frères ou sœurs ? Aucun. Même si je fais des jumeaux décalés de six mois ou de six ans ou de soixante ans, il y en a un qui est grand et l'autre qui est petit, mais on s'en moque. Le clonage humain n'a aucun intérêt parce que les humains sont des individus, même s'il s'agit d'un clone. Il suffit de poser la question à n'importe quels vrais jumeaux. Cela n'a d'intérêt que pour eux-mêmes. Fabriquer des armées de clones, cela marche très bien dans *Star Wars* mais ce n'est que du cinéma. Même dans un vignoble, un seul clone de cep de vigne dispose de moins de résistance contre l'attaque d'une maladie qu'un vignoble avec des ceps polyclonaux.

On n'a pas besoin de robots humains mais de robots-robots. La robotique fait des progrès considérables, il suffit de voir le robot fabriqué par une société de Google, Boston Dynamics. L'intelligence artificielle améliore constamment ses performances et ces robots sont encore une fois créés pour nous offrir plus de temps libre, plus de temps pour des activités futiles. Pour nous civiliser.

Quelles sont les deux grandes préoccupations de tout homme normal en ce bas monde ? Être en bonne santé et heureux, les deux étant rarement dissociables. C'est tout. Et on ne peut compter sur le clonage de l'humain pour nous le garantir. Ce qui peut apporter du bonheur et garantir la santé, c'est du clonage de gènes qui, au bout du compte, fournira des médicaments pour améliorer sa santé, du clonage de plantes qui nous apportera une nourriture plus saine, du clonage de cellules pour pouvoir mieux soigner le cancer, la maladie Alzheimer, et en conséquence pour pouvoir aussi vivre plus longtemps. Le clonage n'est rien d'autre qu'une boîte à outils pour améliorer l'être tel qu'il est dans sa fragilité existentielle et lui procurer du temps pour pouvoir le rendre heureux et le distraire de sa condition. Point.

Pourtant, l'homme n'est pas programmé pour mourir. Le consensus actuel, mais qui a toujours prévalu, veut que nous soyons persuadés du contraire. Il n'y a pas une mort programmée du corps. Le corps humain vieillit, mais on sait aujourd'hui accomplir la déprogrammation de cellules vieillissantes, c'est-à-dire qu'une cellule, aussi vieille soit-elle, par exemple celle d'un centenaire, peut être déprogrammée de son âge de 100 ans et revenir à une cellule de 0 an. On place dans les cellules un cocktail composé de 4 protéines bien particulières, qui fait que la cellule va perdre complètement ses 100 ans de mémoire et revenir au stade d'une cellule embryonnaire. Cela s'appelle des cellules souches pluripotentes induites, ou iPS.

Cette cellule peut recréer éventuellement un clone du centenaire en sachant qu'il portera toutes les mutations qu'aura pu accumuler la cellule iPS dudit centenaire au cours de son existence : les mutations naturelles qu'il aura subies, les mutations génétiques qu'il porte dans son ADN, celles produites par les rayonnements du soleil, les rayonnements ionisants de la terre, le nombre de cigarettes qu'il a fumées, le nombre d'oxydants qui ont altéré son génome, etc. Le vieillissement n'est rien d'autre que l'accumulation de toutes ces mutations accumulées par le corps humain durant toute une vie jusqu'au moment où, à commencer par la peau, tout se dégrade progressivement. Le vieillissement est une accumulation de mutations dans l'ADN, c'est tout ; mais il n'y a pas de programmation réelle de la mort.

La question revient désormais souvent : se dirige-t-on vers des vies de plus en plus longues, des vies de bicentenaires en pleine forme ? Observant les progrès de la science sur ces trente dernières années, je ne dis plus rien. Je préfère dire et il faut savoir dire : « Je ne sais pas. » Il faut se méfier des gens qui savent, parce qu'ils ne savent pas et disent des bêtises. Certaines personnes sont visionnaires, celles-là, on peut les écouter, c'est toujours intéressant si elles se basent sur des connaissances actuelles pour envisager ce qui pourrait se produire à l'avenir. Mais dire, affirmer ce qu'il va se passer reste bien compliqué. Il n'est pas impossible que nous puissions aboutir à un rajeunissement maîtrisé de l'humain, mais pour l'heure, nous ne savons toujours pas comment protéger l'ADN des mutations éventuelles qui peuvent survenir durant une vie. La protection de notre ADN contre les agressions, là se trouve la clé du vivre jeune longtemps.

La médecine, cet acte tellement anti-darwinien

La sélection darwinienne, pour toutes les espèces vivantes, peut être résumée très simplement. Soit l'espèce à laquelle on appartient arrive à s'adapter à son environnement, soit elle disparaît. Elle disparaît avec toutes les caractéristiques qui la composent. Elle se retrouve « contre-sélectionnée ». Son ADN disparaît de la Terre, c'est-à-dire que, si je subis une mutation qui m'empêche de bien me nourrir et de survivre dans mon environnement, cette mutation me condamnera à disparaître. Des animaux peuvent avoir une mutation dans leur ADN leur donnant un cou plus long, ils pourront manger des feuilles des arbres plus hautes et ainsi survivre par rapport aux autres qui sont plus nombreux qu'eux, mais qui doivent se contenter des branches basses et plus maigres. D'autres ont un ADN qui leur permet de courir vite et d'échapper aux léopards tandis que ceux qui courent lentement vont se faire dévorer et forcément disparaître. Le dodo, une sorte de gros poulet avec un gros bec qui vivait sur l'île Maurice et à La Réunion, a été rayé de la surface de la Planète au XVIIe siècle. Il était trop bête et totalement incapable de voler. Il s'est fait massacrer. Le dodo est le type d'animal qui n'a pas supporté la sélection darwinienne. Le prédateur était l'homme, et il a fait disparaître le dodo en quelques années. L'homme aurait pu le cloner pour sa propre subsistance, mais l'homme peut être aussi bête que le dodo.

L'être humain n'est pas darwinien ! L'humain se trouve mieux loti puisque qu'il parvient à se délester de certains de ses handicaps naturels. Combien de bébés mouraient auparavant, victimes d'une intolérance à un acide aminé présent dans le lait de leur mère et qui était totalement inconnu ? On a donné aujourd'hui un nom à cette maladie, la phénylcétonurie. On peut au cours des premiers mois de la vie supprimer cet acide aminé, la phénylalanine, de l'alimentation de l'enfant et ensuite il n'y a plus aucun problème, l'enfant pourra continuer à vivre tranquillement.

Autre exemple : un bébé qui naissait avec une immunodéficience combinée innée sévère attrapait tout de suite une infection et mourait en quelques semaines. Maintenant, on arrive à identifier les symptômes et la mutation génétique responsable de cette maladie. On isole ces enfants des infections dans une bulle stérile. Ce sont les « enfants-bulles ». Il n'y a pas si longtemps encore, ces pauvres enfants pouvaient rester des années dans cette bulle sans grand espoir de guérir. À présent, la thérapie génique peut corriger leur système immunitaire en leur inoculant le gène qui leur permet de restaurer les effets de la mutation génétique et ainsi de sortir de leur bulle ; à leur tour, ils peuvent enfin prétendre à une vie complètement normale.

C'est en ce sens que la médecine peut être assimilée à un acte anti-darwinien. L'homme arrive à pallier toute une série de mutations qui, jusqu'alors, ne donnaient aucune espérance de vie.

Imaginons ce scénario qui n'a d'ailleurs rien d'impossible. Revenons à notre « bébé-bulle » qui a reçu, comme beaucoup d'autres, une thérapie génique. Il sort de sa bulle. Il vit très bien. Il grandit. Il devient adulte. Il songe à se marier. Il tombe amoureux d'une jeune femme qui, elle, a une mucoviscidose, mais qui a été traitée par thérapie génique et qui vit elle aussi très bien.

Ils ont des enfants. L'un peut être porteur de l'une des mutations, un autre de l'autre mutation, un autre d'aucune des deux, mais il est aussi possible que l'un d'entre eux cumule les deux mutations, celle qui lui vient de son père et celle qui lui vient de sa mère. Deux options se présenteront alors : soit on fait de l'eugénisme et on détruit l'embryon muté avant sa naissance, soit on laisse le couple avoir ce bébé sachant que la médecine pourra corriger éventuellement la mutation. À sa naissance, il sera « bébé-bulle » dépositaire en plus de la mutation provoquant la mucoviscidose.

Cet enfant-là recevra une double thérapie génique. Lui aussi, il va vivre très bien. Une vie normale et, au bout de quelques années, ce sera à son tour de se marier avec une fille qui est porteuse d'une myopathie de Duchenne et de la maladie de Fabri. Ils auront des enfants, dont l'un sera porteur de la myopathie de Duchenne, de la maladie de Fabri, de la mucoviscidose et il sera aussi « bébé-bulle ». Il va se marier, etc. Bref, au bout de x générations, on peut se retrouver avec des parents qui auront des lignées germinales non viables, mais ces personnes seront tellement « béquillées » par des réparations génétiques qu'elles pourront tout de même vivre normalement. Sauf qu'elles transmettront un génome qui aura subi tellement de mutations qu'il sera totalement à bout de souffle. Si on pousse le raisonnement à son maximum, la puissance de la médecine d'aujourd'hui et *a fortiori* celle de demain poussent à vider notre lignée germinale de son sens.

Les nouveaux techno-prêtres

Cette démonstration, certes théorique aujourd'hui, montre comment la médecine va totalement à l'encontre de la sélection darwinienne en posant pour règle que la mutation ne permet pas la survie et sélectionne naturellement les espèces les plus adaptées à leur environnement. La médecine actuelle est anti-darwinienne et on se dirige vers une montée en puissance de l'anti-darwinisme.

On ne se rend pas vraiment compte de la direction que nous prenons à long terme. Ce débat est déjà sur la table et il faudra que l'on prenne une décision. De deux choses l'une : soit on fait de l'eugénisme et on sélectionne, soit on accepte la thérapie au stade embryonnaire. Une telle thérapie implique l'édition de génome dans l'œuf permettant de corriger dès le départ les mutations débilitantes. Autrement dit, on repart à zéro, mais combien de questions se poseraient alors à nous ! Pourquoi je corrigerais uniquement la mucoviscidose de cet embryon et pas son eczéma ? Ou le fait qu'il n'ait qu'un gène P53, pourquoi ne pas lui en mettre un second pour réduire ses risques d'avoir un cancer ? Et peut-être qu'en fait avoir les yeux bleus c'est mieux pour réussir dans la vie ? Pourquoi ne pas lui faire les yeux bleus ? Et pourquoi pas le rendre aussi un peu plus intelligent ?

Actuellement, la réponse que l'on apporte en France est tranchée : on ne touche pas à l'embryon humain. Dès lors, on va tendre vers la situation anti-darwinienne absolue décrite ici. Si nous continuons à faire de la thérapie, ultra-sophistiquée, médicale, telle qu'elle se pratique maintenant, et qu'en même temps on se dit : « On ne fait pas d'eugénisme, on ne soigne pas l'embryon », nous encourons le risque d'une dégénérescence totale de notre lignée germinale vouant l'homme à sa disparition.

C'est ce côté cloneur et futile que l'homme a essayé de rechercher qui a fait qu'il est devenu homme. Cette volonté de tous les temps de vouloir se soigner, s'améliorer, vivre un bien-être, heureux et longtemps, conduit en fait l'homme, d'une certaine manière, vers des zones que lui-même considère comme obscures. Il a du mal à réaliser et à admettre qu'avec l'édition du génome, une nouvelle phase est en train de démarrer, une phase dans la continuité de cette quête de la futilité. Une ère qui rendra plus que jamais l'homme humain.

La Grande-Bretagne a autorisé récemment les manipulations génétiques sur l'embryon. Les premières manipulations d'édition de génome ont été réalisées en

Chine avec CRISPR, mais l'embryon n'était pas viable à cause de tous les effets « hors cible » : on corrigeait à un endroit mais se créaient cent mille mutations ailleurs. Même si les techniques utilisées dans ce type de manipulation n'étaient pas appropriées, car trop imprécises, c'est un premier pas vers un nouveau monde. L'homme saisit pour la première fois entre ses doigts un stylo qui permet de réécrire le texte de la vie. Cette grande première dans notre histoire humaine semble avoir entraîné certains individus dans une incommensurable et troublante ivresse. Ce type de manipulation qui a plus un but médiatique que scientifique conduit inévitablement à la précipitation. Aux premiers rangs, surgissent de nouveaux techno-prêtres pénétrés de certitudes et de nouvelles techno-nonnes se posant en pythies du grand temple de la nouvelle industrie génomique. Réinventant toute l'histoire, faisant mine de se faire peur devant « la chose horrible » qui vient soudainement d'être inventée, nos techno-religieux et religieuses réclament une réflexion éthique sur la question.

L'ennui c'est que, lorsque ce raisonnement éthique se trouve initié par des chercheurs qui n'ont inventé ni la génétique inverse ni l'édition de gène, qui ne sont ni des philosophes ni des penseurs, cela conduit toujours à la prise de mauvaises décisions. Le fait qu'on se bouscule autant, que, fait nouveau chez nous, l'on entend réclamer à cor et à cri un prix Nobel, que sans vergogne on se pose en gardiens de l'éthique, qu'on se vautre dans la stigmatisation, me semble plus que dangereux.

Jusqu'à présent, j'entends les discours. « Non, il ne faut pas toucher à l'embryon humain, c'est interdit, c'est mauvais, c'est anti-éthique, on ne peut pas programmer un homme. » Très bien ! Le problème est que cela va arriver. Comment va-t-on qualifier le premier être humain né de l'édition de génome ? Va-t-on le montrer du doigt dans la rue ? Le montrer dans les cirques ? L'inviter dans une émission spéciale à la télévision ? Lui créer un compte Twitter ? Le sortir dans une cage en disant : « Oh ! un homme issu de l'édition de génome » ? On va le laisser tranquille, on ne va rien lui faire, on va condamner les gens qui l'ont produit, on va l'appeler comment ? Non, toute cette stigmatisation, même si elle a plus un but publicitaire et médiatique pour ses chantres, n'apporte rien de bon.

Ce n'est pas encore arrivé, mais quelqu'un va le faire. Et nous, qu'allons-nous faire ? Nous avions le même type de débat au moment où s'annonçaient les premières transplantations d'organes. Que n'a-t-on pas entendu ?! « Est-ce qu'une partie de l'âme du donneur survivra chez le transplanté ? » s'est-on même demandé. On ne discute plus du tout de cela aujourd'hui. On s'en moque. On ne se plaint plus que du manque de donneurs d'organes. Et c'est heureux.

Une nouvelle ère

Il faut toujours se souvenir d'où nous venons. L'homme est le produit de technologies du clonage. Croiser des bêtes, c'est de la technologie. Mettre en terre des plantes et les répliquer, c'est de la technologie. Technologie très ancienne certes, mais à laquelle l'homme a eu recours, voici dix mille à quinze mille ans et qui a bouleversé grâce à ça le monde, bien plus que l'arme nucléaire.

L'homme ne sera pas cloné. Il n'y a d'homme que dans son individualité. Il faut bien comprendre cela.

Ainsi que je l'ai déjà dit, le clonage est et ne restera qu'un accompagnateur de la santé et du bonheur de l'homme. En revanche, s'il n'y a pas d'hommes issus d'interventions sur l'embryon pour l'instant, le pas sera bien franchi. Comment ? En réimplantant un embryon chez une femme pseudo-gestative, on conduira la grossesse jusqu'à la naissance d'un humain qui sera effectivement un des premiers humains issus d'une manipulation technologique sur un embryon.

La procréation assistée, la fécondation *in vitro*, la pratique est devenue courante. Aucune intervention sur l'ADN humain, mais cette pratique a suscité énormément de débats à ses débuts. Là encore, nous a été imposée une grande farce médiatique. Avec quelques médecins se présentant comme les papas du nouveau-né issu de la fécondation *in vitro*. Aujourd'hui, plus aucun médecin pratiquant la procréation *in vitro* ne s'érige en « papa » de l'enfant qui va naître, puisque en vérité il ne s'agit là que d'une assistance médicale.

Avec l'avènement de l'édition de génomes, nous sommes en train d'entrer dans une ère totalement inédite. Plus rien ne se trouve définitivement « inscrit dans notre ADN » comme on se plaît encore à le dire. On ne sait plus trop où l'on va. Notre ADN qui nous a toujours accompagné, que nous avons toujours supporté, avec ses bons et ses mauvais côtés, ces mutations qui peuvent nous rendre la vie plus difficile ou nous avantager, perd son pouvoir sur nous. Avant on savait où l'on allait, on allait vers cet anti-darwinisme forcené, vers une augmentation de la productivité des plantes par les OGM, les engrais, etc.

Ce tournant qui est en train de s'opérer nous fait entrer dans une nouvelle dimension. Plus rien n'est écrit. Les cartes sont complètement rebattues. Nous avons la pleine capacité de pouvoir agir sur le vivant, y compris l'embryon humain, celle de créer des génomes *ex nihilo* ou de réaliser tout type d'édition de génome, à partir de tout ce qui existe dans la biodiversité sur Terre, jusqu'à l'algue qui vit dans les profondeurs des mers. Avec cette matière première, nous avons des capacités de créativité sans limite.

Dès lors, les questions d'éthique qui se posent sont immenses. Elles ne concernent pas évidemment que le monde de la science. C'est aux philosophes de s'en saisir, aux politiques, aux citoyens de toutes tendances, aux écrivains, aux journalistes, et pourquoi pas aux artistes.

Je ne pense pas que cela va prendre une journée ou un an, que cela va se régler par une réunion à Washington, à la Maison-Blanche, ou au cours d'un quelconque sommet de chefs d'États plus ou moins industrialisés. C'est une réflexion qui doit prendre plusieurs années. Il faut absolument tout repenser. Peut-être même reconsidérer les fondamentaux de l'éthique ?

Le débat qui se présente à nous est sans précédent. Beaucoup plus important que la découverte de la physique en général. J'ai moi-même beaucoup de difficultés à appréhender ce que notre humanité va devenir par rapport à cela. Mais c'est une révolution lente qui va s'accélérer dans les années à venir. À partir de 2020-2030-2040, il risque de se produire un spectaculaire bouleversement avec la robotique, l'informatique, la capacité à pouvoir conduire cette édition de génome de plus en plus rapidement. On va entrer dans la biologie de synthèse, pas uniquement dans l'édition, la correction de fautes d'orthographe, mais directement dans la création de textes génomiques originaux. Des créations sortiront directement de notre cerveau. On va lentement se défaire du joug de notre destin. Le prendre dans nos mains.

Partout, il se passe quelque chose. Par exemple, on est en train d'adapter les espèces au réchauffement climatique. En premier lieu les plantes, bien sûr. Inventer un riz qui puisse pousser en zone sèche, en lui transférant des gènes d'autres plantes réputées pour conserver l'humidité. En termes de santé et de médecine, la révolution sera au moins équivalente à ce que l'on vient de connaître dans les technologies de l'information et de la transmission de données. Ce sera plus lent parce que c'est quand même du vivant, mais ce sera extraordinaire parce cela changera la médecine qui enfin pourra s'attaquer aux causes fondamentales des maladies et non plus se contenter d'en alléger les symptômes.

Questions de survie

Si nous ne progressons pas, nous sommes voués à périr. La descendance humaine en l'état actuel de nos connaissances est vouée à disparaître. Si nous nous contentons des progrès de la médecine tels qu'on les connaît actuellement dans le but unique de rallonger notre vie, l'espèce humaine se dirige effectivement et inéluctablement vers son extinction à plus ou moins court terme.

Il nous faut penser, voir plus loin, imaginer l'évolution de notre humanité. Contrairement à ce que nous croyons, nous ne sommes pas la dernière espèce à être apparue sur Terre. Il y a toujours d'autres espèces qui naissent, mais on ne sait ni où ni comment. Quoi qu'il en soit, l'alternative qui se présente à nous est fort simple : soit nous serons l'espèce qui conduira à l'extinction de la vie sur Terre, ce qui est en notre pouvoir depuis le milieu du XXe siècle ; soit nous serons suffisamment forts pour provoquer un changement de paradigme puissant qui réinventera le vivant.

Si nous ne bougeons pas, nous allons nous bloquer sur des applications médicales totalement anti-darwiniennes, ainsi qu'on peut le constater déjà actuellement. On ne représentera plus rien. On va mourir. La Terre sera peuplée de centenaires, de bicentenaires, avec une lignée germinale complètement dégénérée, ce qui sera extrêmement triste, et l'homme deviendra alors tout à fait impuissant à réinventer la vie.

Les théories actuelles telles que celles avancées par Miroslav Radman, biologiste cellulaire franco-croate, postulent que l'ADN est une molécule égoïste. L'ADN, dans son enveloppe de chair, n'a qu'un unique dessein, sa pérennisation par la transmission à la descendance. La démonstration de Radman montre que, par tous les moyens, l'ADN cherche sa survie par la transmission. Quand l'organisme qui le porte, son enveloppe, ne peut plus se transmettre, il ne s'entretient plus et se délite. L'enveloppe vivante de toute espèce n'est finalement qu'une enveloppe éphémère pour l'ADN. Il existe sans doute une force de la nature poussant l'homme à rechercher toujours plusieurs voies de survie à son ADN pour assurer sa descendance avec plusieurs options de viabilité. Ainsi, une combinaison poursuivra sa voie, alors que d'autres s'arrêteront. Cette force de la nature est peut-être mue par notre ADN « égoïste » qui recherche en fait toujours plus d'options de fécondation possible avec plusieurs ADN différents afin de continuer à exister.

Toute espèce vivante sur Terre possède un système de maintenance et de réparation. Si une altération survient, aussitôt, comme des urgentistes, se mettent en place des systèmes de maintenance et de réparation de la cellule qui réparent les dégâts causés par les rayons ionisants, l'oxydation, les UV, etc. Dans le cours normal des choses, si on ne s'est pas fait pas sauvagement irradier, cela marche bien. On appelle cela le réparosome. Ce réparosome est présent dans toutes nos cellules afin de réparer l'ADN en permanence, mais ses performances finissent hélas par diminuer, c'est la vieillesse.

Il est prouvé que ces systèmes-là sont au maximum de leurs capacités pendant toute la période où l'organisme peut se reproduire mais qu'à partir du moment où ce n'est plus le cas, qu'il ne peut plus transmettre, ce système de maintenance et d'entretien de l'ADN fonctionne moins bien, ouvrant la voie par exemple aux cancers et aux mille et une tracasseries de la fin de vie. L'ADN ne peut plus se transmettre, il arrête de s'entretenir, son enveloppe charnelle ne sert donc plus à rien.

Ce qui peut nous amener à dire que nous ne sommes finalement qu'une enveloppe de chair destinée à maintenir la pérennisation de la molécule ADN elle-même. C'est d'ailleurs vrai de toutes les espèces, la souris, la mouche, le ver, etc., pour lesquelles les systèmes d'entretien de maintenance de l'ADN partent en vrille dès qu'il y a sénescence. Toutes les espèces sont programmées pour lâcher prise à partir du moment où elles ne peuvent plus se reproduire. Tous les efforts de la recherche portent sur les possibilités de dépasser ce cap fatidique de la sénescence. Toute la question aujourd'hui est de savoir si une réécriture de l'ADN le permettrait enfin. Dépasser ce cap fatidique de la fin de la fertilité pour vivre sans utilité pour son ADN.

Cela peut être une des voies. Cela ne nous dispensera pas de nous poser des questions. Quel est l'intérêt, à part que l'on n'ait pas envie de mourir, de repousser les limites de nos existences ? Ce que l'on veut en vérité, c'est vivre jeune plus longtemps. Est-ce que l'on arrivera à ne pas vieillir ? Il y aura sans doute des possibilités dans ce domaine-là. Difficile de faire des prédictions, mais l'homme va consacrer beaucoup de ses efforts dans cette quête de la vie éternelle.

Il y aura toujours des professeurs Diafoirus, mais ce n'est pas intéressant. D'une façon générale, nous avons été trop influencés par la science-fiction, par tous les professeurs Nimbus et par les Frankenstein. Toujours les mêmes fantasmes. On va créer des armées de soldats surentraînés, incroyablement puissants, on va faire du *Star Wars bis* avec des blonds aux yeux bleus, on va faire des hommes mouches, des hommes avec cinq bras. On verra venir tous les Messieurs Jourdain de l'édition de gène. Il s'agit surtout de garder la tête froide, de prendre son temps, nous sommes à un tournant de l'humanité, le plus remarquable depuis notre sédentarisation.

3

Dans la peau du chercheur, dans la tête du patron

L'invention du concept d'édition de gène

Quand, à partir des années 1950, nous avons découvert l'ADN, nous avons compris ensuite comment il fonctionnait, de quelle façon les gènes étaient segmentés, comment les principes étaient établis. Puis, en bon apprenti sorcier, l'homme a immédiatement cherché à vouloir modifier les génomes. La première expérience qui a été réalisée dans ce domaine s'appelle la transgénèse : il s'agit d'un acte consistant à faire entrer de façon mécanique à l'intérieur d'une cellule un gène qui n'existait pas avant. Par exemple, je vais prendre le gène de l'hormone de croissance humaine et l'injecter physiquement avec une aiguille à l'intérieur d'un œuf de souris. Ce gène va aller s'intégrer dans le génome de la souris. Il le fera au hasard, en plusieurs copies, quelque part, on ne sait pas où. Pour compliquer les choses, une cellule peut accueillir de l'ADN en plus et même en grosses quantités, et on n'en connaît pas vraiment la limite haute. Elle peut aussi accueillir plusieurs fois son génome et enfin elle peut avoir plusieurs fois le même chromosome. Concernant l'exemple hélas trop connu de la trisomie 21, c'est un chromosome entier en plus qui est additionné à la cellule, le chromosome 21, d'où son nom de trisomie 21.

On peut donc intégrer beaucoup de matériel génétique en plus dans une cellule, sans pour autant avoir la certitude qu'on aboutira à un organisme viable. Le génome d'une souris peut intégrer un gène humain : on aura alors un animal transgénique, c'est-à-dire qu'un transfert de gène a été effectué. Un gène étranger à la cellule fabriquée artificiellement à l'extérieur, dans un tube à essais. Les premières modifications des génomes ont été réalisées au départ de façon assez brutale. Cependant, cela représentait une avancée scientifique considérable qui a conduit à ce que l'on appelle les OGM. Ainsi, les OGM d'aujourd'hui sont issus de la transgénèse. Par exemple, on intègre un gène bactérien dans du maïs, ce gène bactérien code pour une résistance à un herbicide qui s'appelle le glyphosate, plus connu sous l'étiquette du Roundup. Ce gène va, en une ou plusieurs copies, s'intégrer dans l'un des chromosomes du maïs au hasard. Parfois il va s'exprimer de façon stable, parfois non. Il va s'exprimer peut-être dans un tissu particulier et pas dans un autre, sans que l'on sache vraiment pourquoi. La technique est difficilement maîtrisable, c'est pourquoi il faut faire plusieurs essais avant d'être sûr d'avoir une souris à peu près comme on le souhaite. Ce n'est qu'à compter des années 1980 qu'une telle manipulation est devenue plus fiable.

La transgénèse n'est pas de l'édition de gène, dont le concept découle de la volonté de remplacer ou d'insérer de façon extrêmement précise, à un endroit bien déterminé, un gène. L'invention de cette technologie s'appuie sur les processus de réparation de l'ADN, c'est-à-dire la réparation de la copie d'un gène par un gène qui partage des similarités de séquences, d'où son nom de recombinaison homologue. Elle a été inventée par un professeur de l'université de Columbia aux États-Unis, Rodney Rothstein. Il en a établi le principe de base en se penchant sur la recombinaison de l'ADN dans la levure de boulangerie. La recombinaison homologue, avec la technique de Rodney Rothstein, fonctionne efficacement avec la levure. Pas besoin de nucléase comme les TALEN.

Quel est ce principe de base ? Je prends un morceau d'ADN que je vais fabriquer de manière synthétique. Ce morceau contient une copie d'une séquence présente dans le génome, qui est l'endroit du génome que l'on souhaite cibler. Une partie de cette séquence est placée avant, l'autre est placée après ce que je souhaite insérer dans ma cible. Reprenons la comparaison avec notre grand livre de vie. Quelques pages avant, quelques pages après et je vais me placer à l'endroit que je veux modifier, en y insérant donc des pages qui n'ont strictement rien à voir avec le texte original du génome. Sur ce qu'on peut appeler un malentendu, la cellule va utiliser la partie du texte avant et la partie du texte après pour recopier ce qu'il y a entre les deux. Elle insérera de façon extrêmement ciblée, à l'endroit où se trouve ce texte-là, la séquence nouvelle que l'on a mise entre les deux séquences cibles qui sont des copies originales du génome. On appelle cela la recombinaison homologue parce qu'on utilise l'homologie entre le texte avant et l'homologie entre le texte d'après avec le génome qui possède ces textes-là. Nous comprenons les fondamentaux de cette recombinaison, mais il convient de reconnaître que ce procédé relève encore un peu du mystère. Pourquoi la cellule ferait-elle cette recombinaison ?

Nous ne pouvons qu'imaginer qu'elle est basée sur l'échange possible entre le chromosome du père et le chromosome de la mère s'utilisant mutuellement comme sauvegarde. En effet, si le génome qui provient du père s'altère, subit une cassure interne, il peut toujours se réparer sur le génome de la mère qui contient l'information. Il est ainsi démontré que les transferts d'informations entre deux chromosomes homologues, entre, par exemple, le chromosome 11 du père et le 11 de la mère, sont réalisables. Nous avons donc, ni plus ni moins, tenté de « singer » ce que la nature savait déjà faire.

Dans les meilleures conditions, si on laissait faire la nature dans une cellule mammifère, cette recombinaison fonctionnerait une fois sur un million, au mieux. Mais dans une simple cellule de peau ou de muscle, on aboutirait à un résultat encore bien moins satisfaisant : une fois sur dix millions, voire cent millions. En revanche, si on peut préalablement faire un gros tri parmi les cellules, sélectionner celles qui naturellement sont parvenues à faire cette recombinaison homologue, on tombe exactement sur la cellule qui a la modification souhaitée. Il faut simplement pouvoir trier entre des millions, voire des centaines de millions de cellules. Vaste entreprise !

Fort heureusement, on a fini par découvrir que cette sélection pouvait s'opérer en utilisant un gène permettant de résister à un produit chimique. Donc on utilise le texte avant, le texte après, et au milieu on place un gène qui va donner par exemple une résistance à un antibiotique. On l'incorpore parmi un milliard de cellules et on lui ajoute un antibiotique. Quasiment toutes les cellules vont mourir, seules 100 voire 10 au maximum vont résister. Parmi cette dizaine, on en trouvera peut-être seulement 5 qui disposeront de la recombinaison exacte recherchée. C'est un événement extrêmement rare.

Cette méthode mise au point par Rodney Rothstein, bien qu'extrêmement puissante dans la levure, n'était pas très efficace chez les mammifères. Elle a en tout cas permis d'ouvrir tout un nouveau pan de la recherche. À partir de cette méthode, ont été développées de nombreuses expériences sur les animaux afin de comprendre comment les gènes commandaient le développement des embryons. On pouvait supprimer un gène suspecté d'être impliqué dans une étape de développement, l'altérer pour évaluer ce qui se passe sans lui, tester sa réelle importance.

Première chose faisable : on supprime ce gène, c'est ce qu'on appelle un *knock-out*, un KO, comme pour un boxeur. Après avoir mis ce gène au tapis, on observe quelles sont les incidences dans le cours du développement de l'embryon. Il n'a plus de pattes : c'est un gène qui est important dans le développement des pattes. Je vais remplacer celui-là par un autre, tiens, il n'a plus de tête, c'est un gène qui est important pour le développement de la tête. Et si je supprime celui-là, que se passe-t-il ? Ah ! il y a des côtes en plus, donc peut-être que c'est un gène qui dessine la limite où doivent se développer les côtes. Parfois, la suppression totale du gène est létale. La solution est de supprimer le gène uniquement sur une seule copie de chromosome, car la suppression sur les deux chromosomes conduit à la létalité. Tout cela représente une procédure très complexe, longue, fastidieuse, puisqu'il faut pouvoir manipuler des cellules qui sont des cellules embryonnaires au départ. Mais elle a permis de comprendre énormément de choses sur la biologie en général, et plus particulièrement sur la biologie du développement. Plus rien ne se faisait dans les années 1990 sans la recombinaison homologue.

On a rapidement compris que l'ADN ne se recombine pas naturellement, que, pour y parvenir, il faut le pousser à la recombinaison en le cassant. L'ADN avec ses 46 chromosomes humains mis bout à bout donne un fil d'un mètre de long compacté dans une cellule d'une dizaine de microns. L'ADN est compacté en s'enroulant sur lui-même. Cette cellule a en son sein un tout petit noyau de quelques microns où l'ADN réside, enroulé au maximum. Lorsqu'on y donne un coup de ciseaux, un signal d'alarme se déclenche à l'intérieur de la cellule, laquelle va envoyer en réaction cette séquence cassée dans une zone qui est une sorte d'atelier de réparation, le réparosome, bien entendu moins actif avec la sénescence.

La cellule effectue la réparation par les différents moyens dont elle dispose. Le moyen le plus sûr est la recombinaison homologue : la cellule, ayant repéré la copie de sauvegarde, l'utilisera pour remettre en état la copie cassée. Cette remise en l'état se fera quasiment à l'identique, et le gène restera fonctionnel si la copie de sauvegarde l'est. Sinon, la cellule rafistolera tout simplement la cassure en recollant les deux extrémités de cette cassure, mais ce rafistolage peut laisser le gène endommagé avec une mutation au point de réparation. C'est en découvrant tous ces processus qu'est venue l'idée d'utiliser des ciseaux à ADN qui provoqueraient cette cassure pour induire des modifications de la séquence à volonté : soit en cassant et en recombinant pour insérer ou substituer du texte ; soit en cassant pour provoquer une mutation du gène, son inactivation, le mettre KO.

Le scalpel à ADN

Tout le monde s'est mis à rêver de pouvoir posséder des scalpels à ADN. Les premiers sont apparus dès les années 1970 avec un inconvénient majeur : ils ne reconnaissaient que des motifs de séquences courtes. Par exemple, certains ne reconnaissaient que le motif de quatre lettres GATC. Le problème, c'est qu'il y a des GATC partout parmi les six milliards de lettres du génome. C'est comme si on visait dans un texte en français de 1 000 pages le mot « avec », qu'on peut très bien trouver toutes les deux lignes. Ce n'était pas suffisamment précis comme segment du texte pour tomber à un endroit unique et précis. Il fallait une phrase plus longue qu'un « avec ».

En outre, ces ciseaux à ADN coupaient souvent des séquences d'ADN palindromiques, des séquences qui se lisent dans les deux sens. L'ADN est formé de deux brins complémentaires enroulés en double hélice, chaque brin a son complémentaire, chaque lettre a sa lettre complémentaire, le G a face à lui le C, et le A a face à lui le T. Donc GATC a sur le brin complémentaire CTAG, le C sous le premier G, le T sous le A, etc. CTAG se lit donc en sens inverse de GATC. Ce type de coupeur à ADN ne reconnaissait en fait que la moitié d'une cible, par exemple que le GA, l'autre moitié, le TC, n'était pas reconnue, c'était en réalité le GA sur l'autre brin qui était aussi reconnu. Donc, le GA d'un brin est reconnu, le GA de l'autre brin aussi et, paf ! ça coupe.

Par exemple, certaines séquences reconnues sont GAATTC, donc, même chose lisible sur les deux brins, dans les deux sens. En fait, c'est GAA seul qui est reconnu, GAATTC formant un palindrome. Le plus troublant est qu'il existe même des morceaux de musique palindromiques, composés par un dénommé… Jean-Sébastien Bach. Cette analogie saisissante avec la « partition » de l'ADN a été très bien décortiquée dans un livre paru en 1979, écrit par l'Américain Douglas Hofstadter, dont le titre est *Gödel, Escher, Bach : les brins d'une guirlande éternelle*, où il relève des analogies entre l'ADN et les dessins du graveur hollandais Escher, la musique de Bach et les mathématiques de l'Autrichien Gödel.

L'ADN a incontestablement une représentation mathématique. Et les coupeurs à ADN, pour pouvoir agir dans une cellule vivante sans découper le génome en des milliers de morceaux, doivent reconnaître leur cible et uniquement leur cible. Nous sommes ni plus ni moins dans le domaine de la cryptologie. Un code à 4 chiffres est plus facile à décrypter qu'un code à 6 chiffres. Le code à 4 chiffres offre 10 000 combinaisons possibles, celui à 6 chiffres en a 1 million. Dans l'ADN, le code est à 4 lettres, G, A, T, et C. Un code à 4 lettres à 4 puissance 4 possibilités, soit 256 combinaisons possibles.

Le motif GATC va être présent statistiquement toutes les 256 lettres. Donc un coupeur à ADN qui reconnaît GATC, s'il est introduit dans une cellule humaine, fragmentera la molécule composée de 6,4 milliards de lettres qu'est notre génome en morceaux d'ADN dont la taille moyenne sera de 256 lettres. Pire qu'une irradiation par une bombe atomique.

Un coupeur à 6 lettres, genre GAATTC, coupera toutes les 4 à la puissance 6 lettres : soit une fois par 4 096, ce n'est toujours pas bon. Si l'on passe à 8 puis à 16 lettres reconnues par un coupeur, on obtient, 4 à la puissance 16 ce qui fait 4,3 milliards : on se rapproche alors des 6,4 milliards de lettres du génome humain, mais il y a un risque certain que le coupeur en question puisse trouver un site à couper au hasard. À partir de 18 lettres (18, c'est ce que reconnaît Omega, la première méganucléase), c'est 4 à la puissance 18, 4 à la puissance 18 c'est 6,9 fois 10 puissance 10, donc 69 milliards. À 69 milliards, nous sommes 10 fois au-dessus de la taille du génome humain. Là, il y a peut-être une petite chance de ne pas trouver le site coupé par Omega par hasard. Il faudrait un génome qui fasse au moins 10 fois la taille du génome humain pour que cela arrive. Bref, plus la séquence est longue et complexe, plus le code sera difficile à craquer. Quand on utilise des ciseaux à ADN qui ont une séquence cible aussi longue ou même plus longue, ils n'ont aucune chance de retrouver cette séquence cible par hasard, donc ils ne vont rien faire en son absence. En revanche, si la séquence se présente, ils vont la couper, et, très important, ne rien couper d'autre. Voilà le secret du scalpel à ADN, et c'est pourquoi on l'appelle ainsi. Les scalpels à ADN peuvent intervenir précisément sur l'ADN d'un organisme vivant, sans couper ailleurs ni provoquer des dégâts. Par exemple, un TALEN tel que nous les fabriquons reconnaît 32 lettres, soit 4 à la puissance 32, il faudrait un génome qui fasse 3 milliards de fois la taille du génome humain pour y trouver statistiquement une séquence. Inutile de poursuivre, ça n'existe pas.

Toutefois, les reconnaissances ne sont pas toujours parfaites. Sur une longue séquence, on peut disposer d'un petit peu de flexibilité. Si la cible a un G et que normalement le scalpel reconnaît un A, sur 32 lettres, il n'est pas impossible d'y avoir un peu de flexibilité, le coupeur reconnaît tellement de lettres qu'il aura une sorte de tolérance à certaines positions de reconnaissance et se fixe en dépit du G. Il y a donc un risque potentiel que ces scalpels à ADN reconnaissent un site non voulu, non ciblé et provoquer une mutation ailleurs.

Tous ces scalpels à ADN, ceux qui peuvent reconnaître des séquences d'une taille supérieure à 18 lettres, sont regroupés à ce jour en 4 grandes familles : les méganucléases, les nucléases à doigt de zinc, les TALEN et les CRISPR. Ce sont des familles, chacune comportant plusieurs membres, les méganucléases en ayant près de mille. En outre, ces grandes familles se marient entre elles et peuvent former, par exemple, des MegaTAL, mariage entre une méganucléase et un TALEN. On l'aura compris, face à toutes ces affaires de famille, tout le défi est de parvenir à manipuler ces ciseaux à ADN avec la plus stricte précision sans rajouter encore plus d'embrouilles dans le génome d'une cellule !

Être pris au sérieux

Dans les années 1990, il y avait deux catégories de scientifiques dans le domaine de la recombinaison de l'ADN : ceux qui étudiaient les principes de la recombinaison de l'ADN – j'en faisais partie – et ceux qui utilisaient la recombinaison homologue mais qui étudiaient autre chose, par exemple le développement embryonnaire, comme mes voisins, dans dans le laboratoire de François Jacob, Hervé Le Mouellic et Philippe Brûlet. En général, les technologues comme moi fournissaient des outils aux « fondamentalistes », ceux qui faisaient de la recherche fondamentale, mais ces technologies n'étaient pas du tout utilisées dans le domaine industriel. La transgénèse à l'ancienne l'était beaucoup plus.

Tout le monde disait : « La transgénèse nous va bien, on n'a pas besoin de plus que cela. » Or, il est prouvé que les gens n'ont des idées qu'à partir du moment où on leur procure les outils qui leur offrent les moyens… d'avoir des idées. Sans l'invention de matériaux colorés qui peuvent être étalés sur une surface, pas de peinture, et personne ne pensera à des sujets à peindre. Des pinceaux, des couleurs et une toile et je vais commencer à voir des idées pour peindre. Si on ne vous donne pas un instrument de musique ou quelque chose qui produit des sons, vous n'allez pas penser à faire de la musique. C'est la même chose en biologie : la conceptualisation de la création en biologie vient avec la possibilité d'avoir les outils qui permettent de le faire. Ainsi, l'esprit humain n'était-il pas du tout préparé au départ à porter le concept de l'édition de génome puisque la transgénèse répondait aux attentes industrielles largement comblées par la fabrication des

OGM. Les industriels ont gagné beaucoup d'argent avec les OGM. Par exemple, les hormones recombinantes sont essentiellement issues de la transgénèse, à l'instar de l'EPO, l'hormone de croissance, l'insuline, les anticorps monoclonaux. Comme le maïs MON810.

Quand, au début des années 2000, on venait leur proposer un moyen à la fois plus raffiné et plus efficace de modifier le génome, les responsables des industries pharmaceutique et agroalimentaire ne nous prenaient guère au sérieux. À l'exception de quelques *geeks* en avance sur leur temps, la plupart étaient incapables de se projeter, ils avaient l'impression que nous leur parlions de science-fiction, une incompréhension qui confinait à l'absurdité. Accrochés à leurs parts de marché, ils ne voyaient pas l'utilité de ce qu'on venait leur raconter. 15 milliards de dollars rien que pour le marché de l'EPO, 10 à 12 milliards pour celui de l'insuline, fatalement ils pensaient qu'on était là pour leur faire perdre leur temps et leur argent. Ils étaient à cent lieues d'imaginer les possibilités d'application thérapeutique, à commencer par la lutte contre le cancer. Ils n'en voyaient pas l'intérêt. Ils n'avaient qu'une hâte, nous renvoyer dans nos bacs à sable avec notre petite pelle et notre petit seau. Alors, quand, comme un grand, je me suis mis en tête de monter la première société travaillant exclusivement sur l'édition du génome, je ne savais pas quel parcours du combattant se présentait devant moi, je savais simplement qu'il me faudrait remuer des tonnes de sable !

Il existait quand même des *geeks* qui trouvaient le concept « sympa ». On était en pleine bulle de la génomique. Toutes les idées semblaient bonnes à prendre, surtout celles portant sur l'exploitation de l'information génomique. Mais les gros investisseurs ne s'y intéressaient pas spécialement non plus. Nous avions de réelles difficultés à convaincre. Le challenge était d'importance. On a mis une dizaine d'années à mettre les méganucléases au point. Ce n'est qu'à compter de 2003 que nous avons commencé à pouvoir industrialiser ces technologies pour fabriquer en quantité nos ciseaux à ADN. Et c'est seulement en 2006 que les premières applications sont devenues plus concrètes. Quatre ans plus tard, comme je l'ai raconté, Dan Voytas a débarqué et nous a fait changer pour les TALEN.

Ce n'est pas pour autant que nous étions au bout de nos difficultés. Au moment de fonder la société, je ne me rendais pas compte des montagnes qu'il nous faudrait soulever. Est-ce que nous nous sommes lancés trop tôt ? Oui et non. Oui, parce que ce n'était pas prêt et, non, parce que si nous avions attendu, nous serions restés sur le bord du chemin à regarder les trains passer. Au moins étions-nous dans le jeu. Grâce à un investisseur visionnaire, André Kamel, attiré par cette nouvelle aventure technologique, et des investisseurs institutionnels – BankInvest, AGF Private Equity, Edmond de Rothschild Investment Partners et Odyssée Venture –, disposés enfin à nous suivre, le projet était lancé. Reste qu'encore aujourd'hui je me dis que cette entreprise a tenu du miracle.

En 2000, au moment de notre première levée de fonds, la bulle de la génomique explosait. Un bouleversement total sur le marché. Quand nous avons commencé à attirer des investisseurs et à fixer des rendez-vous en juillet 2001 pour préparer une levée de fonds pour septembre de la même année, nous ne pouvions deviner que ce même mois de septembre 2001 allait entrer dans l'histoire avec les attentats de New York. Tous les rendez-vous ont évidemment été annulés. Les marchés se sont effondrés. Plus personne ne voulait entreprendre. On craignait la troisième guerre mondiale. Mais nous avons continué, David Sourdive et moi, à nous battre pour pouvoir démarrer coûte que coûte l'année suivante. En mai 2002, notre premier tour de financement institutionnel était bouclé. Cellectis prenait son envol dans le monde des biotechnologies.

Mais les millions ne font pas tout. Il faut ensuite mobiliser des personnes qui veuillent bien prendre part à l'histoire en leur expliquant… qu'on savait où on allait, mais qu'on ne savait pas comment ! Fatalement, n'accepteraient de venir que des femmes et des hommes munis comme nous d'un certain goût pour l'aventure et d'une forte croyance dans le fait que ce que nous tentions de réaliser à cette aube des années 2000 changerait le monde. Il fallait avoir la foi. Oui, il en faut. Avec mon ami David, je me suis assis et nous nous sommes demandé ce que nous allions faire alors. L'idée était de trouver des collaborateurs, certes aventuriers, mais suffisamment intelligents et créatifs, d'autant plus investis qu'ils étaient dans l'obligation de trouver un travail.

Pour mettre au point nos premiers ciseaux, très rapidement notre directeur scientifique de l'époque, Frédéric Pâques, a eu l'idée d'intégrer à l'intérieur de la société la robotique. « Nous ne parviendrons jamais à résoudre le problème sur un papier, prétendait-il. Trop complexe ! Ni par la sélection. Trop de biais ! » On s'est dit : « Ce n'est pas grave, on va faire du criblage, des millions d'expériences, jusqu'au moment où l'on trouvera la solution. On ne va pas les faire nous-mêmes, on va acheter des robots qui feront ces expériences à notre place et bien mieux que nous. » Ces expériences demandaient non seulement de l'intelligence et de la créativité dans leur conception, mais surtout un travail fastidieux et répétitif dans l'exécution. Répéter et répéter encore, jusqu'au moment où l'on trouve un tout petit morceau de la solution. Et ainsi de suite, accumuler des petits bouts de solutions comme les pièces d'un puzzle, les assembler entre elles et résoudre une sous-partie du problème. On a fait entrer les robots. On les avait achetés en Grande-Bretagne et aux États-Unis. Ils permettaient de faire du criblage à haut débit, en imaginant une multitude d'événements biologiques. Et le miracle est arrivé. À l'été 2003, on a vu sortir les premiers résultats. Le processus industriel mis en place commençait à délivrer de plus en plus d'informations qui nous permettaient effectivement d'assembler nos premiers ciseaux à ADN issus de ce procédé. C'était l'excitation.

Mon rôle dans cette affaire-là a été de procéder au départ à la conceptualisation d'édition de génome avec des coupeurs à ADN basés sur Omega qui reconnaissait 18 lettres dans l'ADN ou plus. En revanche, les solutions furent le fruit d'un travail collectif. Je ne crois absolument pas qu'une seule intelligence puisse tout trouver et tout faire, dans le domaine des sciences comme dans la vie en général d'ailleurs. Personnellement, je cherche toujours à trouver des collaborateurs beaucoup plus intelligents que moi ! Avec cette nouvelle équipe constituée de docteurs en sciences, d'ingénieurs et de techniciens, nous avons élaboré un processus industriel pour résoudre un problème de biologie fondamentale. Quelque chose normalement irréalisable dans un laboratoire de biologie fondamentale et que théoriquement on n'est pas non plus censé faire dans une société privée. Une boîte privée, c'est censé gagner de l'argent. Du moins est-ce le raisonnement ancré dans nos têtes de vieux Européens qui ne sont pas nés au cœur de la Silicon Valley, ni à Cambridge, Massachusetts.

De mon côté, je m'efforçais de me tenir à mon pupitre d'homme-orchestre. Quand un patron essaie d'influencer avec ses idées, il tue la créativité chez les autres. Il faut donc, autant que possible, agir avec doigté. Brider son tempérament de chercheur et une attirance obstinée pour ce qui est innovant ou ce que l'on croit innovant, savoir cacher un peu ses idées ou en tout cas savoir les partager, laisser les autres avoir des idées, qu'il faut accepter et encourager. Si on ne met pas assez de pression, on n'a pas de résultats car c'est un métier difficile, si on en met trop, on obtient des résultats mais, sous la pression, ils sont rarement… reproductibles. Ce « management » particulier mais ô combien nécessaire selon moi exige, j'en conviens, beaucoup d'efforts sur soi. De surcroît, il faut fatalement affronter pas mal de phases de découragement. Ça ne marche pas à tous les coups. En gros, un bon chercheur est un chercheur qui réussit environ une expérience sur trois. Un super bon chercheur, une expérience sur deux. Un mauvais chercheur peut descendre à zéro expérience réussie. Il n'existe pas de chercheurs qui réussissent 100 % de leurs expériences, sauf les surhommes, et je n'en connais pas. Plus difficiles sont ces expériences, plus ces pourcentages diminuent. À problème complexe, solution complexe.

Chercher... et trouver l'argent

Il ne faut pas s'inventer d'histoire, dans notre domaine de la biotechnologie, l'argent, sans être roi, est le nerf de la guerre. On en dépense énormément dans l'objectif et l'espoir de faire une découverte qui représentera une telle valeur, voire un tel progrès que cet investissement générera beaucoup de milliards d'euros ou de dollars. Il n'existe pas de sociétés qui, sitôt constituées, développent d'importants chiffres d'affaires. Le tout est de pouvoir d'emblée convaincre des investisseurs de placer de l'argent dans votre société. Ils aiment investir quand le prix est bas, donc le risque élevé, et vendre quand la preuve du concept a été mise au jour, le risque réduit et le prix haut. Et ce qu'ils aiment par-dessus tout, c'est qu'entre l'achat et la vente il ne se passe pas beaucoup de temps ou qu'on ne vienne pas leur demander de remettre trop d'argent, trop souvent.

La plupart de ces investisseurs expliquent qu'ils ont des horizons d'investissement de huit à dix ans maximum. Ils peuvent parfois patienter plus longtemps mais en général, au bout de huit ans, ils estiment que c'est un échec. La plupart du temps, les huit ans sont hypothétiques, ils doivent sortir plus tôt. S'ils peuvent opérer une culbute en un an ou en six mois, ils sont ravis. S'ils la font en cinq ans, ils s'en contenteront. S'ils attendent dix ans, cela devient un peu plus compliqué pour eux, car souvent, ce n'est pas leur argent mais l'argent de personnes qui ont placé leurs deniers chez eux et qui ne comprennent pas pourquoi leur argent est immobilisé aussi longtemps. Un investisseur m'a dit un jour : « Vous savez ce qu'est un investissement de long terme ? C'est un investissement de court terme qui a raté. » Tout est dit !

Les investisseurs assurent souvent qu'ils sont dans le même bateau que vous. Ce n'est pas si vrai que ça. Certes, ils se sentent concernés puisqu'ils ont accepté de monter sur le pont mais, comme passagers, ils pourront toujours descendre au premier port. Celui qui tient la barre, prend les embruns et doit éviter les récifs, c'est l'entrepreneur. Il ne peut pas se carapater au prochain arrêt. J'explique. C'est l'histoire du cochon et de la poule qui décident ensemble de faire des œufs au bacon. La poule fournit les œufs et le cochon le bacon. L'entrepreneur, c'est le cochon.

Ce qui est terrible et éprouvant, c'est que les investisseurs mettent de l'argent dans une société et, quand elle n'en gagne pas, cet argent est dépensé. Chaque jour passant, il y a un petit peu moins d'argent dans la caisse. Il faut gérer cela et combler les trous. Mais en face, ils savent bien que la quantité d'argent qu'ils ont déposée dans la caisse baisse jour après jour. Par conséquent, ils essayent de calculer le moment où la société est proche de la cessation de paiement pour venir négocier afin de pouvoir s'accaparer plus de parts dans la société. Donc, au début, on est très fort et on se sent tout feu tout flamme. On donne une valorisation pour la société, estimée « à sa juste valeur » car on y a investi toute son intelligence, son énergie, ses tripes. On fait de la recherche pour essayer d'obtenir des résultats et on pense que cela va impressionner les investisseurs. Mais ils s'en moquent un peu. S'ils sont déjà convaincus depuis le départ, tout ce qu'il leur reste à faire c'est d'attendre, laisser l'entrepreneur se décarcasser pendant un certain temps jusqu'au moment où sa situation de trésorerie devient tellement critique que la société se trouve proche de l'effondrement. Alors ils viennent le « sauver » en le délestant d'une partie de ses parts. D'où, ainsi que je le relevais, l'importance de s'allier au plus vite avec des investisseurs professionnels et puissants sur le marché de façon à ce qu'eux-mêmes se protègent contre cette stratégie rapace et protège la motivation de l'entrepreneur.

On peut être souvent tenté de recourir à l'État. L'État ne donne pas d'argent. Il le prête d'une certaine manière, il concède des avances remboursables, il accorde aussi quelques subventions. L'État fait beaucoup d'efforts, il soutient les entreprises, en particulier les entreprises innovantes en France. Mais ses objectifs ne sont malheureusement pas toujours alignés. Contraints par les législations européennes bruxelloises, les États ne peuvent pas financer leurs entreprises à fonds perdus. Ils sont censés ne payer que la moitié des investissements de recherche et développement. S'ils mettent 10 millions d'euros dans une société, celle-ci doit commencer par en dépenser 20. S'ils en mettent 5, elle doit en dépenser 10… C'est un système très dangereux parce qu'il « pousse à la consommation ». Plus on veut de subventions, plus on se retrouve dans des situations où on est entraîné dans une course folle à la dépense. L'objectif de l'État est de stimuler l'emploi, celui de l'entrepreneur est d'abord de créer de la valeur, de pérenniser la société et d'atteindre ses objectifs.

Il existe aujourd'hui une Europe de la recherche qui fonctionne bien, mais essentiellement pour les laboratoires académiques et la grande industrie. Les petites sociétés innovantes n'y ont pas vraiment leur place. Comme leur nom l'indique, elles produisent surtout de l'innovation. C'est avec cela qu'elles lèvent de l'argent et qu'elles survivent. Elles ne peuvent pas faire de compromis et partager cela librement comme l'exigent trop souvent toutes les réglementations.

Des consortiums européens richement dotés se sont également mis en place. On y trouve des laboratoires académiques, des PME et de gros laboratoires pharmaceutiques. L'Europe engage de l'argent, c'est ce qu'on appelle l'*open innovation*. L'argent de l'Union européenne est employé sur de grands projets, les participants fournissent leurs hommes et leurs innovations dans le but d'y faire développer des produits issus d'applications de recherches. Les laboratoires académiques sont très contents parce qu'ils reçoivent d'importantes subventions et, contrairement aux sociétés privées, ces subventions couvrent cent pour cent de leurs dépenses.

Les grandes sociétés n'ont pas besoin de cet argent, elles n'y mettent pas vraiment beaucoup de volonté. Elles préfèrent être présentes en observateur, ce qui ne les empêche pas, si des innovations sortent de ce genre de consortiums, de tirer leur part des bénéfices. Quant aux PME, en manque d'argent et à la recherche de subventions pour couvrir leurs dépenses, elles sont censées présenter des innovations de ruptures, y consacrer le cœur de leurs technologies et, bien entendu, remplir leurs contrats. Mais au bout du compte, ce sont elles qui finissent par se retrouver dépossédées de leurs innovations. Diluées dans le consortium, on peut dire qu'elles sont souvent les cochons des œufs au bacon. Elles nourrissent tout le monde mais n'en tirent finalement pas grand-chose. Elles sont, de ce fait, de moins en moins nombreuses à participer à ce genre de regroupements.

Ces initiatives, bonnes au départ, ont été lancées sans aucune remise en question, sur la volonté de faire croître des PME ultra-innovantes qui prendraient le relais d'une grande industrie vieillissante qui ne sait plus créer, depuis des décennies, ni croissance ni emplois. Ce qu'il faut pour stimuler l'industrie des biotechnologies et de l'innovation en Europe, c'est favoriser la création de très grands fonds d'investissements qui investissent en propre dans les sociétés. Il y a des fonds d'investissements gouvernementaux, comme ceux de la BPI, qui ont un effet visible extrêmement sain sur l'économie de l'innovation française. Cette expérience réussie a du mal à se transposer au niveau européen, où il existe peu de fonds qualifiés, des fonds qui comprennent ce qu'ils réalisent, participent à la croissance de cette industrie. Il y en a une vingtaine peut-être, qui pourtant réussissent très bien. C'est trop peu. Ils sont des centaines aux États-Unis. Pourquoi ? Parce que cette industrie des biotechnologies européennes, relativement jeune, n'a pas encore créé suffisamment de retours sur investissements pour tous ceux qui se lancent à corps perdu dans l'aventure.

Pour l'instant, très peu d'entrepreneurs se sont enrichis. Ceux qui commencent à le faire s'expatrient, attirés automatiquement par les fonds d'investissements les plus performants au monde. L'Europe se trouve finalement dépourvue de cette manne. On dépasse ici le cadre strictement financier. En Europe, l'argent se cache. Ne dit-on pas que, pour vivre heureux, il faut vivre caché ? L'entreprenariat innovant n'intéresse finalement pas trop les Européens. Fondamentalement, ceux-ci ne sont pas aussi aventuriers que les Américains. Dominent toujours les gestionnaires, guidés par une logique patrimoniale demeurant peu encline à la prise de risque.

S'il faut la résumer, l'histoire du financement de Cellectis a été la suivante. Les premiers fonds levés l'ont été en novembre 2000 grâce au courage et à la vision d'André Kamel, qui a personnellement investi près de 5 millions d'euros de son propre argent. Sur un coup de cœur. Du vrai *love money*. Puis, en 2002, cela a été notre premier tour institutionnel, toujours sous la dynamique d'André Kamel, avec quatre fonds d'investissements professionnels, BankInvest, AGF Private Equity, Edmond de Rothschild Investment Partners et Odyssée Venture, qui ont apporté au total 16 millions d'euros en deux tranches : 8 millions fin mai 2002 et 8 millions une fois que l'on en aurait besoin, c'est-à-dire quand nous aurions moins de 3 millions en caisse et dépassé trois ans d'existence au minimum. Ça ne s'est pas passé exactement comme cela. Cette seconde tranche a été renégociée par les investisseurs. Ce qui devait être 8 est devenu 5,6 et nous nous sommes séparés bons amis en 2005.

Tout se négocie, sauf maman.

Bonnes et mauvaises actions

Nous nous sommes engagés sur le terrain d'une introduction en Bourse, mon ami Marc Le Bozec et moi-même, en octobre 2006, alors que cette fenêtre boursière commençait à peine à s'entrouvrir pour de petites sociétés de biotechnologies comme la nôtre. Marc, alors directeur financier de Cellectis et monteur d'opérations commandos, a réalisé l'introduction en Bourse sur le marché Alternext en février 2007. Nous avons pu lever 24 millions d'euros avec une demande 6 fois supérieure à l'offre. Ce succès a permis de propulser Cellectis, mais une société cotée ne peut jamais prétendre connaître une vie tranquille.

La Bourse ne crée pas de frayeurs, plus insidieusement elle entretient un état de tension permanent. Quand l'action monte, tout le monde s'excite, c'est une sorte d'euphorie pour les investisseurs autour de vous qui finit par vous gagner. Quand elle descend, survient cette angoisse qui, de la même façon, contamine tout le monde et vous en premier. Chaque « pour cent » en moins est pris comme une critique personnelle et un reproche. Les regards sont lourds, accusateurs. Chaque jour, vous regardez le cours de Bourse. Il baisse ! Vous avez l'impression que le monde vous déteste, vous êtes complètement déprimé. Il monte ! Vous êtes le champion, le roi du monde, vous vous sentez dopé. C'est un jeu de miroir pervers qui finit par prendre le dessus.

Les gens jouent sur vos actions et, sans le savoir, jouent aussi avec vos nerfs. Pour peu que l'action monte de 5 %, certains s'en satisfont et vendent immédiatement. Ces mouvements peuvent vous faire rentrer dans des spirales négatives. La « masse » ne cherche plus à comprendre ce que vous faites, elle vous demande de faire des promesses, elle veut connaître le prochain événement qui lui permettra de vendre par anticipation, elle guette les succès comme les mauvaises nouvelles, elle est à l'affût de tout et de rien. En permanence des questions, des requêtes afin que vous fournissiez des chiffres. En multipliant les conférences d'investisseurs, vous vous poussez tout seul à faire des prévisions, des promesses qui au bout du compte ne font que créer une situation encore plus compliquée et tendue. Nous avons vécu tout cela.

En 2011, je présente aux investisseurs une nouvelle stratégie, dont l'objectif était de préserver notre indépendance financière vis-à-vis des levées de fonds dilutives, en faisant ce que toute société « normale » doit faire : gagner de l'argent. L'investisseur n'aime pas être dilué, il achète ma stratégie. Cette stratégie s'est transformée en un véritable désastre.

Gagner de l'argent, c'est vendre des produits et faire de la marge, suffisamment pour dégager du profit, beaucoup de profits. Dans le domaine des biotechnologies, cela n'arrive pas du jour au lendemain, c'est complexe et coûteux. Fin 2012, nous étions dans les starting-blocks. La force de vente était en place avec son armée mexicaine de patrons des ventes Europe-Amériques-Asie-Monde et ses techniques de motivations propres à ce secteur consommateur de cash. Les plaquettes étaient toutes belles, le design des emballages superbe, les voitures de fonction de nos vendeurs rutilantes, les T-shirts étaient imprimés, tout était prêt à la vente de nos TALEN comme outils de recherche académique. 2013 s'annonçait comme l'année de nos nouveaux profits. Nous avions les yeux rivés sur notre site web aux belles couleurs violettes, dans l'attente des nombreux clics de commandes des chercheurs du monde entier.

En janvier 2013, Philippe Duchateau, notre directeur scientifique, vient me voir dans mon bureau. Il me montre une publication sur l'apparition de nouveaux ciseaux à ADN, les fameux CRISPR. Nos chercheurs, en bons *geeks* de l'édition de gène, se jettent dessus et les font marcher. Ça fonctionne bien. Certes, c'est moins précis et moins propre que les TALEN, mais si facile à fabriquer. On joue avec en interne. On aime bien, sans plus.

Mars 2013, pas trop de clics sur notre beau site web violet. Les ventes ne décollent pas. Or, les dépenses, elles, sont bien là. Les prévisions super optimistes sont analysées. Les forces de vente manquent-elles de vitamines ? Bon sang, mais c'est bien sûr, les CRISPR ! C'est si facile à fabriquer, et en plus ça marche bien, pourquoi est-ce qu'un chercheur irait payer un TALEN s'il peut utiliser un CRISPR ? Les ventes commencent à chuter. C'est la panique. En mai 2013, on se lance dans une grosse restructuration, il faut arrêter l'hémorragie. Cellectis perd son sang !

L'avènement de CRISPR est venu frapper Cellectis comme un tsunami vient heurter une centrale nucléaire japonaise. Sa facilité de design démocratise complètement l'utilisation des scalpels à ADN. Rapidement, CRISPR s'est imposé à nous comme l'outil qui allait démocratiser l'édition de gène dans le monde de la recherche académique. Pouvoir assister à ce type d'événement aussi ample concernant l'adoption d'une technologie était certes un privilège. Mais un redoutable défi pour nous.

La restructuration urgente de la société s'imposait, mais nos actionnaires ne suivaient pas. Je leur avais expliqué deux ans plus tôt qu'avec la vente d'outils nous allions devenir en 2013 une société profitable et ils avaient acheté. Là, je devais annoncer la mauvaise nouvelle, ça ne marchait pas, on pissait le sang, notre trésorerie se vidait.

Mathieu Simon, ami et grand stratège de l'industrie « pharma », directeur des opérations de Cellectis, vient un matin s'asseoir dans mon bureau pour me parler franchement. Le genre de discours pas agréable, mais qu'on a besoin d'entendre dans ces moments difficiles. Il tenait à me parler en « grand frère », disait-il. C'est ce jour-là que nous prenons lui et moi la décision de ne garder dans notre société que ce qui a de la valeur et qui marche, rien que le strict minimum. Qu'est-ce qui a de la valeur ? Les applications de l'édition de gène, les applications thérapeutiques, les plantes, ce qui est utile à l'humain, pas les outils de recherche. Et en plus, ces applications-là commençaient à marcher dans nos mains. Les TALEN, bien plus précis et puissants que les CRISPR, faisaient la différence pour ces applications, là où précision, fiabilité, sécurité et robustesse étaient d'une nécessité absolue. En 2012, les CAR-T avaient montré les premiers résultats sur des patients proches de la mort et les avaient durablement sauvés. L'industrie pharmaceutique, comme Novartis et Celgene, commençait à s'y intéresser. Notre filiale plantes tenait ses premiers produits innovants, pomme de terre et soja. Cela devenait excitant sur ce front-là.

La décision que j'ai prise à l'époque, avec le soutien de notre conseil d'administration, était de conserver les programmes thérapeutiques et plantes et de sabrer le reste. À la Bourse, notre action commençait à sévèrement dégringoler, le marché commençait à paniquer sans savoir vraiment ce qui se passait. En octobre 2013, j'organise une rencontre avec les journalistes et les analystes financiers. Je leur explique ce que nous allons faire, tailler tout ce qui n'est pas thérapeutique et plantes, restructurer la société, réduire les effectifs pour sauver la trésorerie qui reste et donner une chance à notre société de s'en sortir. Non, la vente d'outils et la profitabilité ne sont plus à l'ordre du jour. Oui, on va faire une augmentation de capital pour investir sur ce qui reste. Oui, le thérapeutique est très prometteur. Les plantes ont du potentiel, ne consomment pas trop de cash. Oui, les pertes vont s'accroître mais la société sera mieux lotie pour lever des capitaux. Je voyais, dans les regards qui me faisaient face, la panique monter pour ceux qui m'aimaient bien, et les mines déconfites chez les autres. Ça commençait à sentir le crash, le sapin.

Chez Cellectis, la perception était différente. Même si tous les regards étaient fixés sur le cours de l'action qui dévissait, sur les torrents d'injures se déversant sur les blogs boursiers, les prédictions apocalyptiques des journaux financiers, chacun savait que quelque chose devait être fait pour éviter le pire et tout le monde avait resserré les rangs, les vieux de la vieille comme les nouveaux, ceux qui restaient comme ceux qui partaient. Tous savaient bien que c'était la fin d'une époque, un nouveau départ pour Cellectis. On était calme et tendu, on essayait de faire les choses aussi bien qu'on le pouvait. C'était dur mais on savait tous qu'on faisait ce qui devait être fait. J'étais en permanence en réunion avec Delphine Jay, notre DRH, et nos délégués du personnel à qui je dois rendre ici hommage, Guillaume, Sandra, Fayza : sans eux, nous serions morts.

L'épreuve du feu

L'année 2013 fut un enfer. J'avais l'impression de prendre les bonnes décisions pour le bien de la société mais, en même temps, nos finances fondaient, le mur se rapprochait. On a beau, pour sauver les meubles, se concentrer sur la communication, on devient totalement inaudible en externe. On se fait agonir toute la journée par les actionnaires, les analystes, le conseil d'administration, les collaborateurs, les amis. Quand on marche dans la rue, ils chuchotent dans votre dos, vous désignent du menton.

C'est dans ces moments difficiles que l'on peut mesurer les bienfaits de la parole de ceux que l'on estime. Il y eut cette discussion de « grand frère » avec Mathieu Simon, le fort soutien des membres du conseil d'administration avec Pierre Bastid qui avait d'autres choses à faire mais qui était là quasiment tous les jours, furax, mais là, à bosser d'arrache-pied avec nous. Ces discussions, bien que souvent désagréables, sont celles qui en définitive font le plus grand bien. Ce sont dans ces moments qu'il s'agit de savoir ouvrir toutes grandes ses oreilles. Un soir, j'ai dîné avec Laurent Alexandre, fondateur entre autres du site médical Doctissimo. Il m'a dit ce qu'il pensait et ce qu'il me recommandait de faire. Laurent parlait si fort dans le restaurant que la gérante a fini par nous mettre à la porte. Cette soirée où nous avions mis sur la table toutes nos vérités s'est terminée sur le trottoir d'en face à plus d'une heure du matin. D'un calme rageur, Laurent me donnait la voie à suivre. Je l'ai suivie. Nous nous en sommes sortis.

Le système de communication pour les actionnaires est d'une grande perversité. Les revues d'investissements classiques dispensent leurs conseils aux acheteurs sur le marché, elles sont censées protéger leurs clients. Vous allez les voir pour leur raconter ce que vous allez faire. Vous rentrez dans une autre spirale négative. Au début les gens écoutent, mais ensuite toute l'énergie que vous pouvez déployer devient suspecte. Résultat, vous n'avez plus, comme on dit, que de « la mauvaise presse ». Ces revues ne lésinent jamais sur les prévisions catastrophiques, voire apocalyptiques, sur ce qui va arriver. Il s'agit souvent de ce que l'on appelle des prophéties auto-réalisatrices. Les coups pleuvent. Comme à la chasse à courre, on sonne l'hallali pour annoncer que la bête est aux abois. On explique dans ces revues que votre affaire perd beaucoup d'argent, qu'une restructuration est inévitable, que sauf si une augmentation miraculeuse et très dilutive vient sauver le bateau, ce sera la boucherie. Et bien sûr, vient la mise à mort. Ce constat se termine par un appel à tous à se défaire au plus vite de ses actions. La panique se crée. Les gens vendent. Et ces journaux « spécialisés » pourront se targuer d'avoir vu juste. Personnellement, j'appelle ces prophéties auto-réalisatrices du « cassage de gueule ».

Face à une telle stratégie, on est bien souvent impuissant. Vous avez beau expliquer : « Attendez, je ne suis pas en train de faire des choses mauvaises, je suis en train de restructurer pour faire des choses bien, on va faire ci, on va faire ça, on va soigner des gens, mettre au point des produits anti-cancer, des patates, se refocaliser là-dessus. » Le problème, c'est qu'on est bien obligé d'expliquer dans le même temps que, ce que l'on faisait avant, qui donnait bien des espoirs, ça ne marche pas… Les gens ne vous croient plus ! « Tu t'es planté une fois, j'y ai perdu des plumes, merci beaucoup. »

À partir du moment où tout le monde vous hurle dessus de la sorte, il faut savoir dresser des écrans de protection. Je me protégeais des personnes que je ne connaissais pas, que je n'estimais pas. En revanche, ceux de mes gros actionnaires que j'appréciais, j'allais les voir et je les écoutais beaucoup. Dans de telles situations, il faut pouvoir ouvrir son esprit et ses oreilles, et, même si quelqu'un vous crie dessus pendant trois heures, si vous avez de l'estime pour lui, essayer de tirer l'essentiel et le fondamental des réflexions intéressantes qu'il vous livre. C'est le geste qui sauve. Cette épreuve a duré six mois.

On est passé de 255 à 68 personnes. À notre fête de Noël 2013, tout le monde est venu, même ceux faisant partie du plan de restructuration. Il n'y avait rien à manger. Nous sommes même allés au Monoprix d'à côté acheter de quoi continuer la fête avec nos sous. On a su faire la fête, une fête que l'on se disait sans lendemain, du type de celles que nous faisions sous les bombes à Beyrouth dans les années 1980. La plupart des gens se sont recasés. Ils détenaient les bonnes compétences, leur passeport pour la réussite restait valable.

Au risque de surprendre, je garde cependant un excellent souvenir de cette période. J'avais réussi à convaincre ceux qui étaient les plus proches de moi, les anciens de Cellectis, ceux qui avaient monté la société avec moi dès le départ, ceux qui savaient que ce qu'on faisait était bien. Ils se sont battus, ont compris qu'il ne fallait surtout pas mollir et au bout du compte on a gagné. Cet esprit de corps, cette histoire de femmes et d'hommes m'ont marqué. C'est une expérience dure, mais une vraie expérience humaine où l'on touche à l'essentiel.

Nous avions été pris dans une tornade. La vague silencieuse de la technologie *low cost* de CRISPR, accessible pour 50 euros, a failli nous emporter. En quatre mois, tout notre marché était par terre. Il a fallu se couper le bras sans anesthésie, le « bras recherche » de la société, dont on s'est séparé de façon à arrêter une hémorragie absolument terrible. On était les plus exposés parce qu'on avait pris des positions très fortes par rapport à des fournisseurs de technologie d'édition de gène comme Life Technologies et Sigma-Aldrich. Nous voulions être meilleurs qu'eux, leur damer le pion.

S'il n'y avait pas eu cette globalisation galopante, on aurait été aux prises avec les mêmes difficultés. Cela aurait été plus lent, mais on se serait retrouvé dans la même impasse. Aujourd'hui, il n'y a plus personne qui vend des outils d'édition de gène pour l'académique, pour la recherche en général, ni publique, ni privée. Tout le monde utilise CRISPR comme un *open source* pour faire de la recherche. En revanche, il y a 3-4 sociétés qui se sont montées, issues de CRISPR, en permanente concurrence, qui diffusent des promesses pour des lendemains qui chantent, qui annoncent qu'elles vont guérir toutes les maladies. Et puis, il y a nous qui avons survécu, qui sommes revenus plus forts. Qui avons fait le choix de montrer par le concret ce que nous savons faire.

La Bourse et la vie

Au sortir de notre restructuration de 2013, Cellectis valait moins d'une cinquantaine de millions d'euros. On n'avait pas un rond, rien du tout. Un an et trois mois plus tard, elle valait 1,5 milliard. Ce fut spectaculaire. On a pour ainsi dire « ravalé » la société. On a pu la repositionner sur ce que l'on faisait par ailleurs depuis cinq ans, essentiellement des applications anti-cancer de l'édition de génome et nos recherches entreprises aussi depuis trois ans dans le domaine des plantes. Reste qu'opérer ce genre de restructuration en France, avec toutes les lois sur le travail, revient à jouer à la corde sur la fine couche de glace d'un grand lac. À tout moment, elle peut craquer sous vos pieds et vous êtes englouti.

Là encore, il est très intéressant de voir la différence sur ce point entre les États-Unis et l'Europe. Exemple : l'industrie automobile. D'un côté, on avait le gouvernement français de François Hollande disant aux constructeurs : « Pas d'aide si vous faites des licenciements. Donc Renault, Peugeot vous voulez l'argent de l'État ? Très bien, mais interdiction de virer qui que ce soit. » Aux États-Unis, le mastodonte General Motors se trouvait en dépôt de bilan. Le président Obama leur dit : « Je vous aide, je vous ouvre le portefeuille de l'État, mais à une seule condition, que vous restructuriez, que vous mettiez du monde à la porte, que vous dégraissiez, que vous fassiez un régime drastique pour retrouver la forme. Vous montrez un plan de restructuration vraiment sérieux et là, peut-être, si votre plan est suffisamment ambitieux, alors je vous donnerai de l'argent. » General Motors a refait depuis son introduction en Bourse sur Wall Street, j'y étais. Aujourd'hui, la marque GM est redevenue la première compagnie automobile au monde. En France, nous sommes toujours avec notre « gras », on ne sait ni restructurer, ni utiliser l'argent du contribuable dans un souci d'efficacité, dans le souci de faire du bien à tout le monde. Personne n'aime faire de régime.

La biotechnologie est une industrie qui a démarré très lentement, dès la fin des années 1970. Peu d'investissements mais à présent se sont constituées de très belles sociétés. Là encore, les États-Unis sont très loin devant, leur capitalisation boursière est sans commune mesure avec tout ce qui peut être entrepris en Europe. Si bien qu'avec 85 % du marché contre 15 % pour les Européens, ils sont largement au premier rang. On n'est même pas dans la course. Au sein de cette Europe, la France se positionne bien. Les meilleurs dans ce domaine-là restent quand même les Suisses, les Hollandais, les Anglais, quelques Scandinaves. L'Europe fonctionne au niveau de la biotechnologie, mais son problème encore et toujours est que nous n'avons pas vraiment le goût du risque.

Pour preuve, cette anecdote assez particulière. En décembre 2013, au pic de notre restructuration, au creux de notre cours de Bourse, on doit trouver de l'argent pour sécuriser notre repositionnement thérapeutique. On prépare donc notre matériel de documentation, diapositives à l'appui, afin de promouvoir notre nouveau Cellectis devant de potentiels investisseurs. On a commencé par la France. Les Français, en fait, ne s'intéressent pas trop à la matière, ils s'intéressent beaucoup plus à nos chiffres, bilans, résultats du business plan. Les Américains, eux, s'intéressent beaucoup plus à la science et se moquent totalement du bilan et du résultat net après impôts. On aurait tendance à penser le contraire, eh bien, c'est totalement faux.

Peu à l'aise sur la science, les Français veulent tout savoir des chiffres, on croule sous les questions financières. « Quand est-ce que vous allez être rentable ? Quand est-ce que je pourrai récupérer mon argent ? Quand est-ce que vous versez des dividendes ? C'est quoi votre plan d'affaires ? C'est quoi votre résultat ? Montrez-moi les trois derniers bilans. » Si on leur dit que ce qu'on voudrait faire, ce sont des ciseaux à ADN, qu'on veut soigner des gens qui ont le cancer, ils nous rétorquent : « Votre science est sans doute très bien, mais pour quels profits financiers ? » Alors quand vous arrivez avec votre diaporama en France, il faut y insérer des tableaux financiers.

Aux États-Unis, les gens qu'on rencontre sont des docteurs en science diplômés de Harvard, Stanford ou MIT ; les chiffres ne les intéressent pas. Les seules questions qu'ils posent concernant l'argent, c'est « Combien vous avez ? Ça suffit jusqu'à quand ? Et vous avez besoin de combien, et pour en faire quoi ? » C'est tout. Trois questions. Aux États-Unis, l'argent, ce n'est pas le problème, c'est du carburant. Les seules questions sont : « Comment allez-vous brûler ce carburant ? Pour aller où, comment allez-vous créer de la valeur ? Dites-moi combien vous voulez, simplement essayez de me faire comprendre comment vous allez faire. Comment allez-vous soigner les gens ? C'est quoi le fondamental de votre truc ? » Ils vont aller vérifier, poser des questions aux médecins. Ils vont revenir poser d'autres questions. « Mais si vous modifiez tels gènes, comment puis-je être sûr que vous n'allez pas avoir le syndrome de greffon contre l'hôte ? Mais comment stimulez-vous vos cellules, vous mettez quoi ? De l'interleukine 2 ? Combien ? Qu'est-ce que cela peut provoquer ? Qu'allez-vous faire comme tests ? Non, mais, dites-moi combien vous allez en mettre ? 2 mg, 4 mg ? » Ils posent des questions qui arrivent à une telle technicité qu'on en vient même parfois à se demander s'ils ne sont pas en train de piller votre projet. À partir du moment où ils sont convaincus, qu'ils ont vérifié leur questionnaire technologique ultra-approfondi, ils font un réel audit scientifique. Ils se disent, lui, il a peut-être une petite chance de faire marcher sa technologie et si elle marche ce sera une petite révolution, cela vaudra des milliards, ça vaut la peine d'investir.

Concilier les deux extrêmes, c'est la garantie de se planter. J'ai fait cette gaffe en décembre 2013. Mon diaporama était franco-américain, inutile. En France, ils trouvaient que tout était nul, trop de molécules dans ma présentation, trop de science. On avait perdu beaucoup de valeur en Bourse, ils ne voyaient pas comment on allait s'en sortir. Ils me disaient de ne pas faire du thérapeutique, que ça allait coûter une fortune, c'est de la dilution, c'était hors de question. Un désastre total. Cent mille euros, c'est tout ce que j'ai pu trouver auprès d'un fonds, simplement parce que son gestionnaire m'aimait bien et que sans doute je lui faisais de la peine.

Je me rends aux États-Unis avec la même présentation sous le bras. Les Américains regardent le diaporama, ils s'étonnent : « Pourquoi autant de chiffres ? Pourquoi ne parlez-vous pas de votre science ? Donnez-moi des détails, je ne comprends rien. » C'était aussi un désastre. « Écoutez, si vous avez vraiment des informations à me donner, montrez-les-moi ; si vous n'en avez pas, ne me montrez pas ce foutu diaporama, je n'en ai rien à faire de vos chiffres, on perd notre temps. Zéro dollars. »

Rentré à Paris, je me suis dit que je ne pouvais pas rester sur cet échec. Là je prends une résolution : oublier ceux qui ne comprennent que le langage des chiffres, suivre mon instinct, suivre la science. Quand les gens ne veulent pas investir dans votre société, ils font comme les Japonais, ils ne disent jamais non. Comment dit-on « non » dans le monde de la finance ? « C'est très intéressant ce que vous faites ! Vraiment, on est impressionné ! Écoutez, actuellement ce n'est pas dans notre politique d'investissement, mais tenez-nous informés, refaites-nous une mise à jour dans six mois ! » Autant de moyens de dire non. Ils pourraient dire « non » directement, tout de suite, mais ils se méfient. On ne sait jamais. Si un jour ça marchait vraiment, ils ne tiennent surtout pas à injurier l'avenir.

De cet échec, je suis ressorti avec une résolution : désormais, me suis-je dit, je vais me focaliser en priorité sur les personnes qui s'intéressent à ce que je fais et qui me poseront des questions qui m'intéressent tout autant. Elles sont où ces personnes ? Aux États-Unis ! Je vais dans nos laboratoires et commence à ramasser toutes les diapositives scientifiques, la science la plus dure que l'on peut faire à l'intérieur de la société. Je vire de ce nouveau diaporama les chiffres et les tableaux. Un changement radical, brutal. Je repars avec ce matériel sous le bras aux États-Unis début janvier 2014, à la conférence J. P. Morgan, grande banque américaine qui organise LA grande conférence dans le domaine de la santé là-bas. Une grande messe annuelle. Tout ce qui compte dans ce monde des biotechnologies, des dirigeants de sociétés, en passant par les banques et les grands fonds d'investissement, tout le monde y est. La conférence J. P. Morgan c'est *the place where to be*, du samedi soir jusqu'à jeudi soir. Cela se passe à l'hôtel Westin St. Francis, sur Union Square, à

San Francisco. C'est le Davos de la santé. Tous les grands pontes viennent, comme les prêtres de l'Égypte antique, y énoncer leurs oracles.

Avec ma super présentation ultra-scientifique, mon démarchage dans les couloirs m'a pris du temps. Les investisseurs me filaient entre les doigts. Puis, il y en a eu quand même un premier qui a accepté de me consacrer un peu de son temps. Il regarde, puis un deuxième et puis là, la boule de neige semble prendre forme. Ces investisseurs commencent à se passionner pour ma présentation, les questions fusent. Ils sortent de nos rendez-vous et se mettent à acheter des actions. On voit remonter le cours. Très rapidement, ils me mettent la pression et me demandent si je n'ai pas besoin de lever un peu d'argent, que ça les intéresserait bien d'investir. Le vent enfin était en train de tourner.

Mars 2014, nous sommes prêts pour lever des fonds. On ne peut hélas émettre qu'un nombre très limité d'actions, sinon il faut convoquer une assemblée générale et je sens que cela risque de ne pas bien se passer. Vu l'année 2013 « délicate » et les mauvaises nouvelles qui sont tombées les unes après les autres, le vote aurait été difficile. On en reste à ce que nous pouvons émettre. 14 mars 2014, je convoque un conseil d'administration, on décide de lancer l'augmentation de capital. On attend la fin des marchés et le prix de l'action à la clôture. Simon Harnest, notre directeur relations-investisseurs, prend son téléphone et passe six coups de fil à des investisseurs, tous américains. Ça dure quarante-sept minutes exactement, six coups de fil, 120 millions de dollars nous sont sur-le-champ proposés. Alors que nous étions limités par le nombre d'actions que nous pouvions émettre, nous levons dans la nuit 22 millions d'euros.

C'était complètement incroyable. Ces investisseurs ont vite compris que nous leur vendions une approche thérapeutique de rupture. Ils n'ont pas hésité à faire le saut avec nous. Un moment assez génial ! Nous retrouvions le succès. La dynamique positive était enfin créée. Alors évidemment, cela a aussi engendré des frustrations chez certains. Aucune des prédictions alarmistes si généreusement étalées ne s'était réalisée. Tous ces gens qui, à notre vue, changeaient de trottoir, se bouchaient le nez en passant à nos côtés, ne nous serraient plus la main de peur sans doute d'être contaminés par nos déboires, étaient à présent dans leurs petits souliers.

Certains en ont éprouvé tout de même quelques contrariétés. En particulier parmi les gens de la presse. Tous ces prédicateurs lancés dans des prophéties auto-réalisatrices qui ne se sont pas auto-réalisées. Ils avaient annoncé notre mort et voilà que nous ressuscitions. Ils n'ont pas lâché tout de suite l'affaire, ils n'ont pas désespéré tout de suite d'avoir raison. Il leur a fallu presque une année pour nous sortir de leur champ de tir. Au moment où nous avons signé l'accord avec Pfizer, un accord de 2,8 milliards de dollars au total, les titres se sont contentés d'annoncer que Pfizer entrait dans le capital de Cellectis. Rien, pas un mot, pas une virgule de plus. Ils ne nous ont toujours pas pardonné d'avoir eu raison !

4

Une révolution pour l'homme

Pourquoi nos destins ne sont plus écrits

Jusqu'à présent, on naissait et on mourait avec son ADN. Il constitue une partition qui met en musique notre vie, notre destin. Tout y est, de la couleur de nos yeux à notre longévité, le type de maladie que l'on va avoir, nos sensibilités, nos allergies, mais on est encore loin de tout savoir. Il y a une grande portion de notre ADN dont on ne connaît ni les utilités ni les subtilités. Il n'est cependant plus interdit de penser que cette connaissance pourra être acquise dans le futur proche compte tenu de l'accélération de nos recherches. Il a fallu treize ans et 3 milliards de dollars pour séquencer le premier génome humain. On peut le faire aujourd'hui en quelques heures et pour quelques centaines de dollars.

Quel intérêt trouverons-nous à faire séquencer notre ADN ? Nous pourrons connaître et peut-être prévenir les maladies qui pourraient se déclencher jusqu'au terme de notre existence. Par exemple, on sait déjà repérer qu'une mutation dans un gène qui s'appelle BRCA1 détermine pour une femme la probabilité d'avoir un cancer du sein. Une histoire assez médiatisée sur ce point-là est celle de l'actrice américaine Angelina Jolie. Elle a subi une ablation des seins parce qu'elle avait été diagnostiquée positive pour potentiellement développer un cancer du sein. Plutôt que d'encourir le risque de le laisser se développer, sans attendre, elle a choisi de recevoir des prothèses.

À partir du moment où un très grand nombre de personnes pourront avoir recours à ces opérations de séquençage, on sera alors en mesure d'envisager toutes sortes de traitements. Si, autre exemple, toutes les personnes allergiques au pollen de peuplier faisaient séquencer leur ADN, on pourrait peut-être identifier une caractéristique commune à tous ces gens-là. Il serait peut-être possible qu'une subtilité, dans un gène particulier que la bio-informatique nous aiderait à repérer, puisse surgir pour permettre d'identifier l'origine de cette sensibilité. Si on présente telle modification dans tel gène par exemple, eh bien on sera allergique au peuplier. Une autre modification induira l'allergie aux cacahuètes... Une autre sera annonciatrice de problèmes d'eczéma, une autre que des complications digestives vont surgir tôt ou tard, ou un cancer de la prostate...

Le séquençage de notre ADN va prédire l'avenir de tout un chacun. À partir de sa naissance voire même, comme je le crois, avant sa naissance, sans avoir à intervenir sur l'embryon, puisqu'on n'a pas tranché la question. Ses seules cellules que l'on trouve de façon non invasive dans le sang de la mère suffiront, pour seulement quelques centaines d'euros, à nous présenter le passeport santé de l'enfant à naître. On saura s'il sera grand ou petit, la couleur de ses yeux, sa pointure. Par des ordinateurs, on pourra dessiner ce nouvel être à partir de son ADN.

L'échéance ? Je ne suis pas très bon pour ce genre de prédiction. À chaque fois que j'en ai faites je me suis trompé. J'étais trop pessimiste ! L'histoire ne cessant de s'accélérer, je suis incapable de prévoir les nouvelles avancées des technologies connexes qui ne sont pas biologiques. Les progrès de l'intelligence artificielle, les réseaux de neurones électroniques qui sont mis en place pour pouvoir effectivement réfléchir à notre place et aller beaucoup plus vite, sont autant d'incertitudes. Alors disons, selon la formule consacrée, qu'en l'état actuel de nos connaissances l'ADN ne pourra pas nous livrer tous ses secrets avant trente ans mais qu'il y a de fortes chances que je me trompe et que cela se produise avant.

On peut en tout cas être certain d'une chose. De plus en plus de personnes feront séquencer leur ADN. Actuellement, il y a une sorte de résistance, mais le séquençage de la population mondiale va entrer dans les mœurs, du fait même de la réduction de son coût. On peut aussi déjà imaginer qu'il deviendra obligatoire, comme l'est un examen médical au moment de la naissance d'un enfant. On prendra un échantillon de son ADN, cela coûtera peut-être de 100 à 300 euros, il sera séquencé une fois pour toutes, les informations seront stockées sans doute dans un cloud (un disque dur informatique dématérialisé). Quand cet enfant grandira et ira chez le médecin, celui-ci aura directement accès à son génome par des interfaces informatiques simplifiées. Il aura devant les yeux toute la carte de vie de cette personne qui, probablement par des systèmes experts ou de l'intelligence artificielle, grâce à cette simple analyse de son ADN, l'informera de ce qui est bien ou pas pour lui. S'il doit manger tel type de nourriture, s'il aura tel type de sensibilité, quelle sera la puissance de son système immunitaire, sa résistance à l'alcool, l'état de son microbiome, etc.

Évidemment, subsistera toujours le vécu d'une personne. Si on prend deux jumeaux avec exactement le même ADN, qu'on enferme l'un des deux dans un placard et qu'on ne lui donne qu'un bol de soupe et quelques coups de bâton par jour tandis que l'autre est élevé dans le plus grand confort, stimulé intellectuellement et nourri à satiété, il est évident que l'un et l'autre ne disposeront pas du même système immunitaire ni du même cerveau. On pourra quand même faire quelques déterminations parce que deux jumeaux, même s'ils n'ont pas la même vie, se ressemblent au bout du compte, partagent les subtilités.

Actuellement, ce que nous envisageons ici concerne, de par le monde, quelques personnes qui ont des moyens. Cependant, il est avéré que la plupart du temps les gens n'ont pas envie de savoir s'ils vont développer un cancer de la prostate ou auront une prédisposition au cancer du pancréas. Mais tout le monde sait bien que le pronostic est bien meilleur si une maladie est prise en main au plus tôt. Un cancer au stade précoce se guérit mieux. Avec les réductions drastiques du coût du séquençage qui s'appliquent déjà et les importants progrès technologiques, cela finira par être obligatoire comme le sont déjà quelques tests de prédisposition à certains types de cancer. Même s'ils ne sont pas obligatoires, on comprend bien qu'il vaut mieux s'y soumettre pour savoir au plus tôt si on a un cancer du sein ou un cancer colorectal, la rémission n'en sera que plus efficace. De la même façon, on finira par admettre l'avantage de faire séquencer son ADN. Dès lors, à partir du moment où l'on vous présente votre séquence et qu'on vous prédit votre avenir, même si vous n'avez pas envie de le connaître, vous avez un destin, que votre ADN a inscrit en vous. Il est contenu dans une sorte de molécule que l'on a déterminée comme étant une molécule égoïste. Vous n'êtes que son enveloppe. Cette molécule ne cherche qu'une seule chose : assurer sa pérennité dans votre descendance. Votre destin se retrouve prédéterminé, les choses sont écrites. Vous pouvez avoir la chance ou la malchance d'avoir une mutation qui va améliorer votre existence ou la rendre un tout petit peu plus misérable. C'est écrit dans notre ADN et on ne s'en défait pas.

Quand on sait que l'on a plus de chances de pouvoir guérir d'un cancer s'il est diagnostiqué dès le départ, plutôt que de ne pas savoir et de se retrouver dans une situation absolument atroce avec un cancer totalement métastasé et souffrir énormément, personnellement je pense que je préférerais savoir. Il faudra apprendre à dialoguer avec le patient. Devra-t-on permettre à celui-ci d'avoir directement accès aux informations le concernant ou les réserver exclusivement au corps médical ? Bien des questions seront posées.

Nos destins sont écrits aujourd'hui, mais nous sommes évidemment à l'aube d'une révolution, d'une libération. Pour chaque enfant qui vient au monde, nous serons par exemple capables d'annoncer qu'il aura au cours de sa vie tel type de maladie, par exemple une maladie rénale importante comme le syndrome d'Alport qui, vers 30 ans, peut vous faire perdre les reins, vous rendre sourd, vous condamner à une dialyse pour le restant de vos jours. Nous savons déjà que cette maladie peut être due à une mutation du gène codant pour la chaîne alpha 5 du collagène 4. Un jour, par édition de gène, cette mutation déterminant le destin sera peut-être gommée définitivement de l'histoire de son porteur. Ou, autre cas de figure, si l'on vous annonce que vous avez potentiellement un diabète de type 1, la mutation pourrait être éventuellement effacée, telle une vulgaire faute d'orthographe, pour éviter cette issue. Un jour, l'histoire de chacun pourra être réécrite. Autre exemple, l'un des fondateurs de Google, Sergey Brin, a fait séquencer son ADN par la société de son ex-femme, 23andMe. Il est apparu qu'il était susceptible, à 70-80 %, de déclencher la maladie de Parkinson. Sa meilleure chance d'y échapper est d'arrêter sa mutation par édition génétique. On sait aussi que la mutation dans un gène qui s'appelle la préséniline peut provoquer un Alzheimer précoce. Ma mère, 78 ans, développe peut-être un Alzheimer, tandis que mon père, à 88 ans, a encore « la pêche » et toute sa tête. Ai-je l'ADN de mon père ? Je ne peux pas ne pas me poser la question. Si un jour, dans quinze-vingt ans, existe la possibilité de modifier cette chose-là dans certains types de cellules, ce serait assez génial de pouvoir réparer le gène défectueux. Si on ne peut pas réécrire les gènes, si la capacité d'écrire les gènes n'existait pas, alors on lirait dans mon ADN et on me dirait : « Voilà, André, tu vas peut-être développer un Alzheimer à l'âge de 75 ans. Courage mec ! » Je n'aurai plus qu'à dire merci du renseignement, profiter des derniers beaux jours et puis après, ciao. Mektoub.

Réparer un gène dans une cellule, réécrire une portion d'ADN même relativement importante, de la façon exactement désirée, c'est facile. Sur le papier. L'expérience elle-même est aisée, sachant que n'importe qui maintenant avec des TALEN ou des CRISPR est capable de le faire. Mais c'est dans une cellule. Nous ne sommes pas une cellule. Le corps humain, ce sont des milliers de milliards de cellules. Elles composent nos tissus, prennent des formes particulières, se multiplient ou ne se multiplient plus. Réparer de l'ADN dans une cellule qui se multiplie, c'est facile, dans une cellule qui ne se multiplie plus, c'est difficile. Elles se cachent parfois au centre de certains organes et ne sont pas toujours accessibles. Quelle que soit la technologie de réécriture, facile ou pas facile, il faudra savoir quel nombre de cellules il sera nécessaire de réparer pour produire un effet thérapeutique chez le patient : 1 %, 10 %, 50 %, 100 % ? C'est un point déterminant. Cela obligera à une grande fiabilité pour éviter d'endommager le génome ailleurs. Faire de l'édition de génome de façon précise et efficace et dans suffisamment de cellules-cibles pour que ce soit utile, c'est ce qui est le plus difficile, pas de couper l'ADN et de le réparer.

« Facile », le mot interdit

Il existe deux façons de pouvoir corriger des cellules chez un malade. Soit on répare les cellules à l'extérieur du corps puis on les réimplante, soit il faut agir à l'intérieur du corps humain. La première façon nous ramène aux cas de nos bébés-bulles. Le handicap de ces enfants était qu'ils ne fabriquaient pas de système immunitaire et ne savaient pas se défendre contre des infections. Confrontés à l'air extérieur, ils attrapaient des microbes et en mouraient. C'était terrible. En général, ils ne vivaient pas très longtemps. Je parle au passé car il existe à présent des solutions pour ces enfants. Nous savons maintenant réparer leurs cellules en mettant une béquille génétique qui va pallier leur déficit. Nous sommes là dans le cas précis d'une intervention à l'extérieur du corps du patient. On prélève dans l'os de la moelle hématopoïétique, puisque c'est là que se forme notre sang, puis, une fois les cellules souches récoltées, nous pouvons les modifier dans un tube à essais, les corriger, vérifier que les modifications sont correctes. Toutes ces opérations se déroulent *ex vivo,* hors du corps. Ensuite, on reprend ces cellules souches hématopoïétiques réparées et on les réintroduit dans le corps. Elles vont recoloniser la moelle, pouvoir refabriquer des cellules, et l'enfant sera guéri. Nous sommes dans de la thérapie génique que l'on peut qualifier à présent de classique.

Nous n'allons cependant pas nous arrêter là. Prochainement, les bébés-bulles seront réparés par édition de gène. On va plus subtilement réparer la mutation qu'ils ont de façon assez précise. D'ailleurs, il faudra un changement en médecine à ce sujet, parce que ces interventions pourront être qualifiées de chirurgicales, réalisées au cas par cas. Chacun enregistrant des mutations pouvant être très différentes, il faudra des médicaments très individualisés, donc forcément trop coûteux, trop longs à fournir si les réglementations actuelles sur les médicaments sont respectées. Les autorités de santé devront un jour s'adapter à cette nouvelle médecine de l'ADN. De plus, ces médicaments équivaudront à une intervention chirurgicale sur de l'ADN. On appelle cela de la chirurgie du génome, chaque intervention chirurgicale sur le génome sera spécifique au génome du patient. Ils ne ressembleront pas à des comprimés, mais seront beaucoup plus compliqués, plus invisibles. Ils contiendront des ciseaux à ADN, comme des TALEN, spécialement fabriqués pour la personne traitée, capables de cibler exactement l'endroit de la mutation, et un ADN matrice de réparation pour corriger la mutation. Cette « formulation » puissante contiendra tout un système chirurgical du génome capable d'effacer définitivement la mutation posant problème.

La deuxième option est de procéder à l'intérieur du corps, *in vivo.* Pour le diabétique qui a une modification dans son gène de l'insuline, il faudra modifier les cellules des îlots de Langerhans qui se trouvent à l'intérieur de son pancréas. Faire de la chirurgie du génome est quelque chose de compliqué à la base. Rentrer à l'intérieur du corps, viser les bonnes cellules, pénétrer leur noyau où se loge l'ADN pour réparer ou inactiver, détruire un gène, sont des actions d'une complexité bien plus importante. En outre, pour réparer un gène dans une cellule, il faut qu'elle soit en division cellulaire. *In vivo,* ce n'est pas toujours le cas. Nous allons devoir déterminer des applications en fonction des difficultés technologiques qui nous sont posées, du très difficile à résoudre au simplement difficile.

Aller dans des cellules difficilement accessibles, comme celles du système nerveux central ou installées dans des organes extrêmement complexes comme le pancréas où les cellules se divisent peu, c'est le summum de la difficulté. Le rein est aussi un organe difficile d'accès. Le moins ardu est d'intervenir sur des tissus plus facilement accessibles, comme ceux de la moelle osseuse, que l'on peut extraire du corps et qui se divisent à profusion. Le foie peut facilement se régénérer et absorbe toutes les saletés qui peuvent être injectées dans le sang, technologie d'édition de génome comprise. L'œil, en revanche, étant une sorte de compartiment isolé, on peut espérer que les cellules de la rétine constituent une cible relativement accessible. En outre, une intervention qui tournerait mal resterait confinée à l'œil. Ainsi s'explique que souvent les promesses de nouvelles thérapies avec leurs risques de dérives importants se concentrent sur l'œil, tels ces essais de réparation de la dégénérescence maculaire liée à l'âge grâce à des cellules iPS au Japon, ou encore ces promesses d'une nouvelle thérapie CRISPR d'ici 2017 contre l'amaurose congénitale de Leber. Pourquoi ont-ils choisi l'œil ? Pas parce qu'ils ont une super technologie pour réparer l'œil, mais simplement parce que c'est un endroit très confiné et que le risque est beaucoup moins important de se tromper de cible. On peut vivre borgne. Le risque de provoquer des dégâts irréparables dans le cerveau reste plus compliqué à évaluer. Pour l'heure, face à une telle complexité, on se doit de choisir, si l'on peut dire… la simplicité.

« Facile », ce n'est pas un mot qui fait partie du vocabulaire des biotechnologies. Dire « c'est facile », c'est mentir. Réparer un gène, c'est-à-dire réécrire une portion de l'ADN, est plus difficile que de détruire ou d'inactiver un gène. Casser un gène en y induisant une mutation pour qu'il ne marche plus est devenu relativement simple, donc mieux vaut s'intéresser aux maladies dominantes. Dans l'œil, est présente une forme dominante du gène de rhodopsine qui rend les gens aveugles. Si on casse ce gène, les personnes pourraient éventuellement voir de nouveau. Casser, c'est plus facile que de réparer.

D'autres options sont aussi à l'étude. Sangamo BioSciences, société californienne, a pour objectif par exemple d'introduire dans le foie, toujours au même endroit, divers gènes, par transgénèse, mais avec du ciblage génétique. Ces gènes pourraient permettre de réparer toute une série de déficits – le diabète, l'hémophilie, le déficit en alpha-1 antitrypsine – en installant une sorte de piste d'atterrissage à l'intérieur du génome. On pourrait placer toujours au même endroit divers gènes permettant de réparer toute une série de fonctions défaillantes. Cela se fera lentement, mais il existe d'intéressantes perspectives. Le diabète n'est pas lié au mauvais fonctionnement du foie, mais peut-être parviendra-t-on éventuellement à faire fabriquer de l'insuline par quelques cellules de ce foie.

Toute la difficulté est de ne pas se disperser dans ce genre de conquête, de trouver l'application la plus faisable et ayant les plus grandes chances de succès. Celle sur laquelle nous allons pouvoir construire un historique.

La grande offensive contre les cancers, trente ans de progrès

Chez Cellectis, nous avions décidé d'opter pour les deux choses les plus faciles : premièrement, faire des modifications génétiques hors du corps en se concentrant sur les cellules sanguines, deuxièmement détruire des gènes plutôt que de les réparer. En concertation avec nous-mêmes et pas avec les concurrents ! Personne ne faisait cela au moment où l'on a démarré, il y a six ans. Le sang est plus facile que le reste parce qu'on peut faire les modifications hors du corps et que ces cellules se multiplient bien *in vitro*. On peut vérifier rapidement si l'on a commis des erreurs ou pas, observer s'il y a des altérations dramatiques ailleurs, connaître exactement le pourcentage de cellules modifiées, compter, séquencer, prendre son temps, bref plein d'avantages.

Nous avons choisi comme application le cancer. Elle nous a tout de suite intéressés pour plusieurs raisons. C'est un mal terrible, l'une des premières causes de mortalité. Il y a toutes sortes de cancers avec encore peu ou pas de réponses thérapeutiques adaptées. Il existe des cancers très difficiles avec des formes assez diverses, métastasés, des tumeurs solides très compliquées d'accès. Certains cancers, qui ne sont pas moins dangereux, sont pour nous plus accessibles : les tumeurs liquides, les cancers du sang en général. Les cellules sont indépendantes les unes des autres mais peuvent s'amasser en agrégat.

L'approche de Cellectis est celle de la thérapie des cellules CAR-T ingéniérées. L'idée des CAR-T ne vient pas particulièrement de nous, elle a été essentiellement promue par des chercheurs américains, Michel Sadelain, Carl June et Steven Rosenberg. Beaucoup ont travaillé sur le sujet, mais ce sont les trois principaux leaders dans ce domaine-là, et ils ont consacré des années au service de leurs patients. Leur idée a été d'utiliser certaines cellules du sang pour procéder à quelques opérations de nettoyage dans le corps. En particulier celles qui ont pour mission de détecter tout ce qui est « non-soi » et de le détruire. Ces cellules sont les vigiles qui circulent à l'intérieur de notre corps. Dès qu'elles voient quelque chose, une bactérie, une cellule infectée par la grippe, elles vont immédiatement détecter qu'il y a une anomalie dans cette cellule et la tuer. Non seulement elles la tuent mais elles vont se dire que, peut-être, il y a d'autres bactéries ou cellules infectées par la grippe ailleurs et du coup elles vont se multiplier par centaines de milliers et anéantir tout ce qui est « grippé ».

Ces cellules s'appellent les cellules T parce qu'elles trouvent leur maturité dans le thymus, un organe de notre système immunitaire situé à la base du cou, sous le sternum. Ce sont des cellules tueuses capables de détruire les cellules défaillantes, l'une après l'autre, avant de s'épuiser et mourir. Nous connaissons tous ces cellules. Quand une plaie est infectée, du pus vient s'y accumuler, cela devient très chaud, provoquant une grosse infection, ce sont en général les cellules T qui débarquent, qui ont commencé à se multiplier, qui vont attirer les autres cellules et se mettre à massacrer tout ce qui est infecté. Quand une vraie grippe nous cloue au lit pendant deux semaines, avec une énorme fièvre et des douleurs partout, notre corps est complètement empoisonné par des cytokines, les poisons que relâchent les cellules T pour tuer les cellules infectées par la grippe. On parle même de « tempête de cytokines ».

Il y aura beaucoup de déchets cellulaires, le sang va déborder de cellules T qui vont complètement détruire ce qui est infecté par la grippe. Au bout de ces deux semaines, les cellules T auront accompli leur mission. Il n'existe pas vraiment de médicaments contre la grippe :

soit les cellules T gagnent la partie et on est guéri, soit c'est la grippe qui gagne et c'est la mort. Au cours de la bataille, le sang est infesté par les poisons relâchés par les cellules T, les reins sont complètement bouchés par les déchets cellulaires, on a un syndrome grippal terrible qui met totalement à plat. En fait, il faut imaginer cela comme une formidable bataille intérieure entre les cellules T et les cellules grippales. Pour des millions de gens, chaque année, les cellules T peuvent être débordées et vaincues par la grippe parce qu'ils n'ont pas un système immunitaire très en forme et ils meurent. Souvenons-nous de la grippe espagnole de 1918, la pire pandémie de l'histoire. Les gens n'étaient pas préparés, elle a tué 30 millions de personnes, faisant plus de victimes que la Première Guerre mondiale qui se terminait.

Une cellule T est une formidable machine à tuer ; elle fonctionne très bien si nous avons un système immunitaire en pleine forme : toutes les cellules T vont anéantir tout ce qui peut entrer à l'intérieur de nous et qui n'est pas nous. En gros, lorsqu'on vous greffe quelque chose qui ne vous appartient pas, les cellules T l'attaquent. Elles détectent le corps étranger, l'attrapent bien fort avec leurs récepteurs pour lâcher ensuite deux types de munitions : les perforines, qui vont commencer par créer des perforations à la surface de la cellule et par lesquelles elles rentreront à l'intérieur de la cellule, et les granzymes, qui vont tuer la cellule en quelques secondes, en la faisant imploser littéralement. Elles abandonnent la cellule morte puis vont en attaquer une autre. Entre deux actions, il leur faut environ un quart d'heure pour recharger les munitions. Au bout de 5 à 10 mille fois, cela dépend de leur forme, elles seront totalement épuisées et mourront. Ces soldats du corps humain sont de vrais Gremlins. S'ils repèrent une intrusion, leur activation va les pousser à se multiplier à grande vitesse : une cellule T donnera en quelques jours naissance à deux cents mille de ses sœurs, formant une véritable armée de défense contre l'envahisseur. Ce sont ces deux actions, tuer et se multiplier, qui provoquent chez nous une fièvre carabinée et de fortes douleurs lorsque nous sommes victimes d'une « bonne grippe ».

Ainsi l'homme possède cette propriété de pouvoir lutter normalement contre tout ce qui l'infecte, mais les cellules T font parfois d'autres choses. Lorsque quelqu'un est atteint d'un cancer, elles peuvent aider à nettoyer certaines cellules cancéreuses. Sauf que ces dernières sont nos propres cellules, et cela se passe déjà moins bien, car elles ne peuvent pas toutes les reconnaître. Elles ne tuent pas spontanément du « soi », il faut que la cellule cancéreuse ait quelque chose de très anormal pour qu'une cellule T s'attaque à elle.

Un cancer est un dérèglement de l'ADN qui intervient à l'intérieur de nos propres cellules. Soudainement, les cellules cancéreuses se multiplient de façon complètement déraisonnée. Souvent, ce dérèglement provient de gènes qui sont normalement actifs au cours du développement embryonnaire. À notre conception, des ordres extrêmement précis sont donnés aux cellules pour se multiplier. Un ordre génétique embryonnaire sera donné à certaines cellules pour pousser plus vite et former un axe de symétrie, puis des ordres seront donnés à des cellules pour pousser et faire des bras, puis des ordres donnés à des cellules pour se détruire ici pour former les doigts...

Se succèdent ainsi des ordres de pousser et détruire de façon à façonner le corps. Ces gènes de développement embryonnaire sculptent le corps humain en neuf mois. À la fin du développement embryonnaire, ces gènes s'arrêtent, et les gènes de multiplication prennent le relais pour la croissance et le renouvellement de tissus.

C'est cette partition de musique du développement embryonnaire qui est jouée, absolument passionnante, et qui détermine tout le dessin du corps humain avec ses petites subtilités. C'est là que les gènes commandent si on va avoir un gros ou un petit nez, les yeux bridés ou pas, la peau noire ou la peau jaune. Une fois que tous ces premiers gènes du début de la vie se sont exprimés, ils s'éteignent et ils ne sont plus censés intervenir chez l'adulte. Or, il peut arriver que certaines mutations qui surviennent au cours de la vie puissent soudainement réveiller l'un de ces gènes auquel on donnera alors le nom d'oncogène, « onco » étant synonyme de tumeur.

Ces oncogènes que l'on connaît bien sont des gènes qui sont en nous pour organiser essentiellement la multiplication ou non des cellules. Sans prévenir, ils peuvent se mettre à déraper. Ils se réactivent et vont provoquer un cancer particulier. Il peut arriver également que certains virus ramassent un oncogène au cours de leur évolution et l'emmènent avec eux. Quand ils infectent une personne, ils déclenchent un cancer parce que le gène a été apporté et activé par le virus lui-même. D'autres fois, des virus se mêlent aux oncogènes de la cellule et aboutissent au même résultat. Il existe aussi des gènes-contrôles à l'intérieur des cellules, qui détectent si la cellule devient folle. Par exemple, l'un de ces gènes exprime une protéine qu'on appelle p53.

C'est un signal d'alarme qui enverra immédiatement la cellule au suicide si elle dérape. Si p53 ne marche pas bien, le signal d'alarme n'est pas tiré à temps et les cellules échappent à ce contrôle et le cancer démarre.

Ce qui est incroyable, c'est que dans l'ancienne URSS, à la belle époque des essais de plein air au sein de l'ultra-secret polygone nucléaire de Semipalatinsk, on envoyait après chaque explosion une équipe chargée de prendre des mesures à l'épicentre de l'explosion gigantesque. Tous les courageux volontaires moururent, ou presque, à l'exception d'un individu. Des années plus tard, on se rendit compte que le génome de cette personne possédait un nombre de copies du gène p53 plus important que la normale, ce qui l'avait protégé des rayonnements ionisants. Il mourut des années plus tard. Dans tous les cas, on a affaire à un dérèglement de la multiplication des cellules qui peuvent même parfois perdre complètement leur état adulte, retrouver leur stade de cellules embryonnaires, se répandre partout, être complètement « déconnantes ».

La caractéristique d'une cellule cancéreuse est qu'elle se multiplie à grande vitesse. Pour lutter contre un cancer, la première approche est d'en interdire la multiplication et de tuer toutes les cellules qui se multiplient dans le corps. Ce sont les traitements connus de chimiothérapie. Évidemment, les cellules cancéreuses se multipliant plus vite seront tuées à plus forte proportion que les autres, mais toutes les cellules qui se multiplient seront touchées. Sans aucun discernement possible. On ne fait pas dans le détail. On stoppe les cellules qui fabriquent les cheveux, on devient momentanément chauve, on perd ses ongles, on n'arrive plus à digérer parce que le système digestif fabrique aussi ses cellules. Cela rend les gens extrêmement malades. On peut comparer cette chimiothérapie générale au *carpet bombing* pendant la guerre du Vietnam : pour vaincre les troupes d'en face, on rasait entièrement une ville en espérant toucher sa cible. On y allait aussi au napalm, on brûlait toute la forêt, on rendait tout le pays malade. Par les découvertes en génétique et par le clonage, des approches basées sur le fonctionnement ciblé du système immunitaire ont été développées. On dit que ces thérapies sont ciblées, c'est la naissance de l'immuno-oncologie. On passe à des frappes chirurgicales, avec des missiles à tête chercheuse. On oublie le napalm pour se servir de missiles guidés par laser.

Ces frappes chirurgicales sont essentiellement déterminées par le système immunitaire humain pour pouvoir frapper exactement le tissu cancéreux lui-même. On va fabriquer des anticorps, des petits missiles, dont la tête est programmée pour reconnaître très précisément une cible sur la surface de la cellule cancéreuse, un marqueur. On pratique ainsi depuis les années 1980 avec une énorme accélération entre la fin des années 1990 et aujourd'hui. De nombreux produits sont apparus, comme par exemple le Rituxan, l'Erbitux, l'Herceptin, qui fonctionnent vraiment très bien et permettent souvent aux gens de se débarrasser de leurs cancers.

Ces têtes chercheuses se fixent sur la cellule cancéreuse et provoquent sa mort. Un anticorps seul ne peut pas tuer comme cela une cellule. Il faut que ces têtes chercheuses recouvrent complètement la cellule cancéreuse pour la tuer. Il faut également, pour que cette opération réussisse, que la cible soit abondamment présente à la surface de la cellule cancéreuse, plus de

100 000 anticorps, ce qui n'est pas toujours le cas. En dessous, l'effet ne sera pas assez puissant pour pouvoir tuer les cellules cancéreuses. Ces produits ne sont donc pas toujours d'une efficacité absolue.

Les chemins de l'espoir

Les chercheurs ont essayé d'améliorer ce système. L'idée a été de lier l'anticorps à un poison, un produit de chimiothérapie, pour augmenter sa toxicité et le diriger contre la cellule cancéreuse. L'anticorps est donc utilisé comme véhicule pour concentrer sur la tumeur des agents de chimiothérapie. Cela marche assez bien, mais malgré tout, même avec du poison, il faut encore un minimum de 10 000 anticorps chargés pour tuer une cellule. Cela reste insuffisant, car on sait que certaines cellules vont en réchapper. Il fallait trouver plus radical, plus puissant. Même si la cellule exprime très peu de cible, il faut pouvoir la tuer. C'est de là qu'est venue l'idée d'utiliser le potentiel de frappe considérable des cellules T pour éradiquer les cancers. Une cellule T est capable d'anéantir, les unes après les autres, des cellules-cibles à un rythme effréné. Elles ne laissent rien passer, ce qui est normal puisqu'elles sont là pour lutter contre les infections et ne font pas ça à moitié. Elles attrapent n'importe quelle cellule, avec quelques récepteurs à la surface, la tuent en quelques secondes. De plus, l'opération peut être renouvelée 5 000, 10 000 fois. Cerise sur le gâteau, elles s'amplifient plus de 100 000 fois quand elles se mettent en route.

Il faut pouvoir utiliser le potentiel de cette puissante armée pour éradiquer les cellules cancéreuses.

Problème : une cellule T est entraînée pour reconnaître le non-soi ; le soi normal, elle le laisse tranquille. L'idée est donc d'utiliser le pouvoir des anticorps avec leur tête chercheuse pour diriger nos T serial killeuses contre nos cellules cancéreuses. Comment fait-on ? Une tête chercheuse d'anticorps qui reconnaît la cellule T d'un côté, une tête chercheuse qui reconnaît la cellule cancéreuse de l'autre, et on se retrouve avec un anticorps à bi-spécificité. Ces anticorps vont mettre en contact la cellule T avec la cellule cancéreuse. Du coup, la cellule T, impitoyable et extrêmement puissante pour tout ce qui est non-soi, sera forcée de tuer du soi. C'est plus puissant que les anticorps seuls ou même liés à de la chimiothérapie, car cela permet de tuer une cellule cancéreuse avec très peu de cibles à la surface. En revanche, cela ne permet pas d'utiliser l'ensemble des capacités de la cellule T, à savoir son potentiel d'amplification. Cela fonctionne plutôt bien, mais c'est insuffisant.

C'est pourquoi Michel Sadelain, Carl June et Steven Rosenberg ont initié une autre approche : utiliser la cellule T elle-même comme médicament. On prend les cellules T du patient, on leur introduit un gène qui va exprimer une sorte de récepteur à sa surface, avec au bout une tête chercheuse qui va reconnaître la cellule cancéreuse. Une fois que le récepteur a mis en contact la cellule T avec la cellule cancéreuse, il envoie en interne deux signaux à la cellule T, pour tuer la cellule cancéreuse et provoquer la multiplication de cette cellule T en centaines de milliers. Ce récepteur, c'est ce qu'on appelle un CAR pour « récepteur chimérique antigénique », et la cellule T qui le porte, un CAR-T.

Voici cinq-six ans, ces médecins se sont intéressés à des malades atteints de leucémie et qui étaient déclarés perdus. Certains avaient des tumeurs volumineuses, et on avait tout essayé : la chimiothérapie, les anticorps, rien ne fonctionnait. Arrivé ainsi au bout du bout, il n'y avait plus pour le malade que le refuge de la médecine palliative et on prévient toute la famille pour un dernier adieu. À un tel stade, la médecine vous autorise à effectuer ce que l'on appelle des essais compassionnels. On propose au patient d'essayer quelque chose d'un peu compliqué, sophistiqué, une nouvelle technologie dernier cri. Quelque chose qui n'a jamais été essayé sur l'homme. Un pari pour la personne : cela peut marcher ou accélérer sa mort. C'est un choix difficile pour le médecin, pour le malade et sa famille.

Certains l'ayant accepté, quelques essais ont pu être réalisés. Les médecins extraient des cellules du sang du malade pour n'en garder que les globules blancs contenant des cellules T. Ils font rentrer un ADN codant pour cette nouvelle molécule, le CAR, et contrôlent pour voir si l'ADN ainsi introduit exprime ce CAR à la surface. Le CAR est armé d'une tête chercheuse qui va reconnaître le tissu des cellules cancéreuses du patient. Dans le cas précis que nous évoquons, les cellules cancéreuses des patients choisis exprimaient toutes un récepteur appelé CD19, qui est présent sur toutes nos cellules B, malades comme saines. 10 à 100 millions de cellules T armées de CAR dont la cible sera CD19 sont préparées pour chaque patient en fonction de ce qu'il est possible de réaliser. Ensuite, ils réinjectent à chaque patient ses propres cellules T transgéniques, exprimant le CAR CD19, puis ils attendent.

Il ne se passe rien durant plusieurs longs jours. Puis, au bout d'une semaine, un patient est atteint d'une fièvre carabinée. Panique à bord ! Les médecins ne savent pas trop quoi faire. La personne fait des pics de fièvre énormes. Évidemment, ils analysent son sang pour comprendre ce qui se passe. Ils constatent un syndrome grippal monstrueux, son corps est pollué de cytokines, ses reins sont envahis de cellules mortes, la personne est très malade pendant toute cette phase de traitement. On hésite à tout arrêter, mais, au bout d'une quinzaine de jours, la fièvre retombe. Les médecins refont des analyses sanguines : plus une seule cellule cancéreuse ! Quasiment, cent pour cent de ces patients ont connu une rémission complète. Le miracle.

Ce que je raconte ici s'est passé à l'université de Pennsylvanie, au Memorial Sloan Kettering Cancer Center de New York et au National Institute of Health. Les résultats sont sortis en 2012, alors que cette expérience avait démarré deux ans auparavant. L'originalité de ce traitement est que ces chercheurs ont ciblé les cellules T contre les cellules B cancéreuses qui sont les cellules sanguines et, en agissant ainsi, ils sont parvenus à effacer totalement les cellules B du patient. Non seulement on ne retrouve plus une seule cellule cancéreuse, mais on ne leur retrouve plus une seule cellule B, c'est-à-dire que tout leur compartiment à cellules sanguines B a disparu. En fait les cellules qui leur avaient été injectées se sont multipliées de façon formidable, une expansion interne impressionnante, car elles ont soudainement reconnu les cellules B comme étant des ennemies parce que celles-ci présentaient quelque chose qui s'appelait CD19, qui leur disait :

« Ça, c'est une cible pour toi ! » Donc elles tuaient tout ce qui avait CD19, jusqu'à ce qu'il ne reste plus une seule cellule, cancéreuse ou non.

Les tumeurs de certains de ces patients pesaient 2 kg, et elles ont complètement fondu en deux semaines. Au début, Sadelain, June et Rosenberg ont refait plusieurs essais sur plusieurs patients. Ils obtenaient un taux de 95 % de rémission complète, les gens rentraient chez eux, terminé ! Quand ils ont présenté pour la première fois ces résultats à un congrès aux États-Unis, les médecins en sont tombés de leur chaise, c'était incroyable ! Les patients ont été interrogés. On leur avait dit que leurs jours étaient comptés, on leur a fait une injection et cinq ans plus tard ils sont toujours sans cancer. Ils se sont vus ressusciter !

Quand on traite quelqu'un par la chimiothérapie ou la radiothérapie, cela arrête toutes les cellules qui se divisent, donc on sait qu'on va pouvoir retarder le cancer. Mais la chimiothérapie provoque des mutations dans l'ADN. De plus, les cellules qui ne sont pas rapidement tuées sont celles qui résistent le plus à la chimiothérapie et elles trouvent le moyen d'en réchapper. Puis vient la rechute et ce sont encore ces cellules les plus résistantes à la chimiothérapie qui reprennent le dessus. Au bout de la troisième ou quatrième rechute, il n'y a plus rien à faire. Les CAR-T proposent une nouvelle alternative encourageante dans l'arsenal thérapeutique du cancérologue. Depuis quatre ans, on avance. Actuellement, beaucoup de sociétés et de laboratoires se sont penchés sur la question, notamment Novartis, qui s'est jeté sur les résultats de Carl June à l'université de Pennsylvanie, puis d'autres sociétés qui se sont montées, telles que Kite et Juno, et les résultats sont répliqués de façon assez spectaculaire concernant notamment les cancers à cellule B, en particulier contre ce récepteur CD19.

Est-ce que l'on peut appeler cela un médicament ? Justement, c'est là qu'intervient Cellectis. Les CAR-T, aujourd'hui, c'est une procédure thérapeutique, un traitement. Très concrètement, la personne entre à l'hôpital, elle a un cancer sévère, on ne va pas lui injecter un médicament, on commence par lui extraire son sang, trier ses propres cellules, prendre des cellules T, leur introduire un gène codant pour un CAR, vérifier que tout est OK, et, enfin, les lui réinjecter. Pourquoi sommes-nous obligés de faire tout cela ? Parce qu'on ne peut pas prendre les cellules T d'un donneur et les donner à un malade. Pourquoi ? Parce que les cellules T sont des chasseuses de non-soi. Par conséquent, les cellules T du donneur qui vont rentrer chez le malade, grâce à leur détecteur de non-soi, vont renifler un peu et dire que tout cela (le malade) n'est pas moi. Et elles vont se mettre à tuer tout indistinctement, l'ensemble des tissus du malade. La plupart des patients souffrant de leucémies sont immunodéprimés, c'est-à-dire qu'ils possèdent un système immunitaire mal en point, tous leurs tissus seront attaqués de l'intérieur. C'est la police anti-immigration qui se retrouve parachutée dans un pays qui n'est pas le sien.

Cette police anti-immigration formée de cellules T débarque dans un corps qui n'est pas à elle et commence à tuer tout de l'intérieur, provoquant un syndrome, le syndrome du greffon contre l'hôte. Les tissus intérieurs sont complètement détruits. Le patient perd du poids, sa peau est comme brûlée, il a d'énormes plaques sur le corps. Un syndrome vraiment violent du greffon contre l'hôte s'apparente à une brûlure du troisième degré, même la peau commence à fondre. Si rien n'est fait, le patient peut en mourir.

Prendre des cellules T de l'un pour soigner l'autre est impossible à cause du syndrome du greffon contre l'hôte. Il faut recourir à un traitement que l'on appelle « autologue », c'est-à-dire une greffe de ses propres cellules T, le contraire « d'allogénique », qui est une greffe de cellules T provenant d'un donneur tiers. Dans un traitement autologue, on prélève autant de sang que l'on peut au malade. L'ennui, c'est que parfois, chez les cancéreux, 80 % de leur sang est constitué de cellules cancéreuses et il y a très peu de cellules T. Ils ont été précédemment prétraités avec d'autres produits chimiques qui ont tué leurs cellules T. On prend alors ce que l'on trouve en composant avec la forme physique des cellules collectées. On réinjecte ces cellules T une fois qu'on les a préparées avec le CAR. En général, cela prend deux semaines, parfois plus, un mois ou deux, parfois aussi malheureusement la préparation des cellules CAR-T échoue et le patient meurt entre-temps. Cela marche, mais reste quand même aléatoire.

Pour recevoir une thérapie autologue, il faut aussi être accueilli dans un hôpital technologiquement équipé pour fabriquer tout cela, compte tenu de la complexité de ces procédures thérapeutiques. Si le patient se trouve dans un hôpital ou dans un pays où il n'y a pas de protocole pour traiter par CAR-T, il n'aura pas accès à la thérapie. S'il va à l'université de Pennsylvanie, tout va bien se passer. En Europe, des essais se déroulent en Angleterre et depuis très récemment en France. Novartis, avec un centre de traitement centralisé des cellules T de patients, tente de les démarrer un peu partout dans le monde. La logistique reste très compliquée. Il faut le répéter : nous n'avons pas affaire à un produit, il n'y a pas de médicament, c'est une procédure thérapeutique.

Avant d'aboutir à l'homme, les expériences avaient été réalisées sur des souris, mais elles étaient peu satisfaisantes dans la mesure où on a constaté qu'elles fonctionnaient finalement mieux sur les hommes que sur ces petites bêtes. Un plaidoyer contre la vivisection. On peut pratiquer aussi sur des singes ou des cochons, mais la vraie expérience doit être faite sur l'homme. Le problème, c'est que l'on ne peut jamais exclure des dommages « collatéraux ». Il y a eu d'ailleurs des décès au cours des essais CAR-T. Certaines personnes qui avaient le cœur fragile, au cours de cette colossale expansion interne des cellules T, n'ont pas résisté, leur cœur a lâché. C'est le genre de chose qu'il n'est jamais facile de faire comprendre et admettre par le grand public.

On ne pourra pas nier que, dans cette bataille contre le cancer qui est livrée depuis trente ans, d'importantes victoires ont été remportées. Ce que l'on crie moins sur les toits, c'est que certains traitements classiques engendrent parfois de nouveaux cancers. C'est-à-dire qu'à partir du moment où on se lance dans une radiothérapie, les radiations provoquent des cassures dans l'ADN, lesquelles à leur tour vont peut-être réactiver de nouveaux oncogènes et provoquer de nouveaux ennuis. C'est la même chose pour les chimiothérapies, épuisantes pour l'organisme. Les thérapies plus ciblées, de plus en plus puissantes, conduisent à plus d'efficacité. Le fait qu'elles soient ciblées signifie qu'elles sont bien moins mauvaises pour le reste de l'organisme. En revanche, elles marchent très bien sur les tumeurs liquides, beaucoup moins bien sur les tumeurs solides. Bien des progrès restent à faire.

Chez Cellectis, nous nous sommes lancés dans cette technologie en 2010. Personnellement, je n'avais jamais entendu parler des CAR-T auparavant. Frédéric Pâques, alors directeur scientifique de Cellectis, m'a présenté les tenants et aboutissants de cette approche thérapeutique et je me suis tout de suite dit qu'elle pouvait marcher. L'ennui était que les thérapies autologues n'intéressent généralement pas l'industrie pharmaceutique. À ce jour, il n'y a aucun exemple d'un succès commercial avec ce genre de thérapie, rien que des désastres. Pas distribuable, pas stockable, coûtant cher, il était exclu de pouvoir gagner de l'argent avec cette technologie. L'industrie pharmaceutique ne s'intéresse qu'à une seule chose : des produits qui soient efficaces, distribuables dans le monde entier, accessibles à tous les patients et qui dégagent plus de 85 % de marge brute. On venait à l'époque d'avoir l'exemple de la société Dendreon. Elle avait fondé d'énormes espoirs sur un produit qui s'appelait Provenge. Ce fut là aussi un désastre total, car elle n'est jamais parvenue à correctement le distribuer. À un moment, ils ont même dû affréter un jet privé pour aller traiter un patient qui allait mourir parce que leur produit s'était égaré pendant le transport.

Les patrons de l'industrie pharmaceutique ont une règle simple et très concrète : en dessous de ces 85 % de marge brute, ils refusent de discuter, ils assument que la rentabilité du produit n'en vaudra pas la peine. Nous étions donc face à ce défi : soit nous parvenions à faire un vrai produit pharmaceutique stockable, distribuable, sous forme de fioles ou autres, un produit pharmaceutique normal, soit il fallait définitivement renoncer à nous mobiliser sur ce chantier. Notre première idée est de nous dire qu'avec nos méganucléases, nous pourrions reprogrammer les cellules T pour en faire des cellules T universelles. On essaye. C'est à l'évidence trop difficile. C'est à cette même époque que Dan Voytas vient me parler et que nous prenons la décision radicale, ainsi que je l'ai raconté, d'abandonner les méganucléases et d'utiliser les TALEN qu'il venait d'inventer. Plus puissant, plus précis, plus sûr.

Dès la fin de cette année 2010, on commence nos expérimentations nouvelles. Et là, ça marche ! Alors, que fait-on ? On se procure des globules blancs auprès de sociétés spécialisées qui les récupèrent d'opérations de dons du sang. Nous appelons cela un *leucopack*, pour un pack de leucocytes, 4 milliards de globules blancs livrés comme un sac à glaçons. Quand nous faisons un don de sang, les globules rouges sont séparés des globules blancs. Les premiers sont conservés pour les transfusions sanguines, les seconds, qu'il est impossible de réinjecter dans le corps humain, sont jetés la plupart du temps. L'industrie pharmaceutique les récupère.

Ce sont sur ces globules blancs que nous avons procédé aux premières reprogrammations des cellules. On va enlever d'une cellule T son gène TCR alpha, l'un des composants de son récepteur à cellule T, le fameux détecteur de non-soi. Cette cellule va devenir complètement aveugle à son ancien ennemi, le non-soi, puis on va lui introduire un gène qui code pour un CAR qui soudainement va l'équiper d'une nouvelle optique pour détecter ses nouveaux ennemis, les cellules cancéreuses. Le CAR lui dira qui tuer exactement, d'oublier le non-soi, de ne plus penser qu'aux cibles. Elle ne pourra plus focaliser son attention que sur une seule chose : la cellule cancéreuse. Ce n'est pas tout : à l'intérieur du noyau de la cellule, par édition du génome, on parvient avec nos TALEN à reprogrammer la cellule afin de la rendre compatible avec des traitements standards, par exemple de la chimiothérapie ou des anticorps. Le traitement standard va voir le cancer, il ne verra pas nos cellules CAR-T. Du coup, on va pouvoir co-injecter notre produit avec un traitement standard et avoir un effet combiné des CAR-T et du traitement.

Notre technique d'édition de génome, qui a cet avantage de pouvoir être réalisée *in vitro* sur des cellules issues de *leucopacks*, permet par reprogrammation du génome de la cellule T d'en faire des bêtes de course, tueuses universelles de cancers. Chez Cellectis, la fabrication de nos cellules est un peu plus compliquée que celle réalisée par Sadelain, June et Rosenberg, car elle nécessite toute une étape complexe d'édition de gène. De plus, il a fallu vaincre les réticences des agences sanitaires. « Vous allez, nous disaient-elles, injecter des cellules T allogéniques à des patients immunodéficients ! Vous risquez de provoquer chez eux un syndrome du greffon contre l'hôte. Nous souhaitons un maximum de contrôle pour ne pas provoquer ce syndrome qui peut tuer le patient, le faire mourir dans d'atroces souffrances. » Notre réponse était qu'avec notre système d'édition de génome et de filtration des cellules, tout était sous contrôle. Que l'on pouvait exactement surveiller et déterminer le nombre de cellules que l'on injectait, gérer par augmentation progressive des doses : 1, 10, 100 millions. On pouvait organiser tout cela. C'est un produit pharmaceutique classique, qui peut être développé et contrôlé, pas une procédure thérapeutique où l'on fait avec ce qu'on a.

Les premiers essais

Notre phase de préparation était des plus encourageantes. Sur des souris, nos expériences marchaient très bien. On en a soigné des souris ! Façon de parler puisque, pour avoir la certitude de leur guérison, nous étions contraints de les sacrifier. On ne décelait alors aucun syndrome du greffon contre l'hôte. Notre produit se comportait exactement comme des cellules autologues, si ce n'est mieux. Nous étions tous très excités. En 2015, nous étions en marche pour tester notre premier produit UCART19. Établir son innocuité, démontrer sa qualité, prouver sa capacité à pouvoir tuer des cellules cancéreuses. Nous avions prévu de déposer une demande d'autorisation pour lancer un premier essai clinique avant la fin de la même année 2015 auprès des autorités sanitaires anglaises de la MHRA (Medicines & Healthcare products Regulatory Agency).

En Angleterre, les médecins avec lesquels nous nous préparions à faire les essais cliniques connaissaient bien notre approche, ce sont avec eux que les premiers produits ont été fabriqués. Ils reçoivent des patients souffrant de leucémie. Eux-mêmes font des essais autologues. L'un d'eux, le Docteur Waseem Qasim, un pédiatre spécialisé dans les cancers du sang, accueille les enfants frappés par cette terrible maladie. Parmi ces patients, il y avait en particulier la petite Layla, âgée de huit mois. Elle avait un cancer du sang, une leucémie lymphoblastique aiguë. 80 % de sa moelle osseuse était constituée de cellules cancéreuses. Ils avaient tout entrepris pour la sauver, chimiothérapie, anticorps, bispécifiques, rien n'y avait fait, le cancer avait explosé. En dernier recours, ils ont tenté un greffe de moelle osseuse provenant d'un donneur compatible dans l'espoir de la sauver. Ce traitement classique consiste à chercher à effacer complètement tout le mauvais sang et à le remplacer par les cellules d'un donneur sans cancer. Pas plus de résultat : le cancer a repris le dessus. Une catastrophe. À partir de là, on se retrouvait typiquement dans une situation qui permettait d'envisager la possibilité d'un essai compassionnel. Il n'y avait simplement plus rien à faire pour cette petite patiente. C'était la fin.

En juin 2015, nous est parvenue une requête de ces médecins. Ils nous expliquent que ce bébé n'a pas assez de cellules T pour faire un essai autologue, et que, selon eux, il n'y a qu'une seule solution : essayer notre produit, celui qu'ils nous ont aidés à préparer. Ils me demandent si nous pouvons leur expédier une de nos doses d'expérimentation. Là, il fallait prendre une décision : soit on leur donnait une dose et si par bonheur le traitement marchait, on sauvait cette petite, soit on se défaussait, en arguant que nous n'étions pas encore tout à fait prêts, que les risques étaient trop importants, et on repoussait les choses jusqu'au démarrage de l'essai clinique.

Le consensus s'est immédiatement imposé chez nous. Nous prîmes donc la décision d'envoyer à Londres, à Waseem Qasim, l'une de nos doses de recherche, faite avec l'University College de Londres en condition standard de l'industrie pharmaceutique, un impératif pour pouvoir être administré à l'homme. Nous avons réuni un conseil d'administration. On s'est dit : « On verra si ça marche ou si ça ne marche pas, mais au moins, si ça marche, nous aurons sauvé quelqu'un. »

En fait, au départ, la petite Layla n'était pas la seule enfant condamnée. Il y en avait aussi d'autres, pratiquement du même âge. Les gamins sont complètement détruits par tous les traitements de chimiothérapie qui les mettent dans un état déplorable. Les médecins avaient parlé aux parents. Ils leur avaient expliqué qu'on avait inventé une nouvelle approche avec un produit extrêmement sophistiqué, qu'on ne connaissait pas encore son efficacité, ou non, que peut-être on pouvait ainsi sauver leur enfant, que peut-être ça pouvait le rendre au contraire encore plus malade et accélérer sa fin. Les médecins ont mis les parents devant leurs responsabilités : « on peut faire un essai compassionnel, vous dites oui ou vous dites non ».

Les parents de la petite Layla ont dit oui, mus par cette volonté de vouloir sauver leur enfant à tout prix. La petite Layla a été traitée en juin. Fin juillet, elle était déclarée en rémission complète. Elle n'a pas eu à subir la « fièvre de cheval » parce qu'on avait pris la précaution de réduire la taille de la tumeur grâce à des prétraitements. Au bout de trois mois, les médecins lui ont refait une nouvelle greffe de moelle osseuse avec le même donneur. La petite était rentrée chez elle et vivait une vie à peu près normale avec ses parents. Nous avions parfois des nouvelles, c'était captivant.

On a compris assez rapidement que cela allait fonctionner. Notre crainte était naturellement d'avoir une rechute, ce qui n'est pas arrivé à ce jour. On peut donc estimer qu'elle est toujours en rémission complète, elle est à la maison, tout va bien. Je ne l'ai jamais rencontrée. Je ne l'avais même jamais vue en photo. Mais quand fut révélée le 6 novembre 2015, par toutes les télévisions, « cette guérison miracle », j'ai enfin su à quoi elle ressemblait. J'ai été submergé par une émotion particulière. Parce que je me suis dit que si j'avais envoyé balader les médecins en refusant de leur donner notre produit, une décision sans doute rationnelle de dirigeant de société pharma, cette enfant serait sans doute décédée.

Jusqu'à ce 6 novembre, rien n'avait transpiré. Avec les médecins anglais, nous étions parvenus à garder un strict secret sur ce que toute la presse allait appeler « ce traitement révolutionnaire ». Celle-ci ne fut alertée qu'au cours d'un congrès scientifique tenu à Orlando. Ce qui s'y est dit est devenu public, c'est parti dans tous les sens. Nous nous sommes efforcés cependant de calmer l'enthousiasme général. Nous avons fait un communiqué de presse, l'hôpital également, afin de ne pas donner prise aux raccourcis rapides et surtout aux faux espoirs. Les sociétés concurrentes dans le domaine autologue, rageuses, s'efforçaient de démonter pièce par pièce la validité de ce premier succès. Les choses étaient chamboulées.

Il était plus qu'important de fixer les limites présentes de notre traitement. À savoir que les médecins disposaient d'une thérapie autologue non distribuable, seulement accessible aux personnes pouvant fournir suffisamment de cellules T pour faire un traitement, et aussi, pour dire les choses clairement, que cette procédure thérapeutique était bien loin encore d'être à la portée de toutes les bourses.

Il faudra encore du temps pour que notre traitement devienne un produit pharmaceutique congelé, disponible pour tous, distribué dans le monde entier, que ce soit au Bengladesh, au centre des États-Unis, à Paris, à Singapour, à Dakar, partout. Or, actuellement, si on veut procéder à un traitement autologue, il en coûte environ 250 à 300 000 dollars. Celui qui voudrait gagner de l'argent avec ce traitement serait obligé de faire payer environ un demi voire un million de dollars par patient. Telle est la brutalité des chiffres. Cette thérapie autologue ne serait-elle accessible qu'à quelques personnes aisées ?

Le battage médiatique autour de la guérison de la petite Layla ne nous a pas été très profitable, bien au contraire. Parce que, nous étant employés nous-mêmes à modérer les enthousiasmes, après avoir soufflé le chaud, la presse s'est empressée de répandre le froid. Les sceptiques ont expliqué que ce seul cas de guérison n'était pas probant. Le doute était là. Se défendre, c'était prendre des risques. Nous avons donc opté pour la plus grande discrétion et avons encaissé les coups. Publiquement, nous ne parlons plus de rien. Nous attendons de pouvoir de nouveau présenter notre traitement au cours d'essais cliniques classiques normés, avec nos partenaires Pfizer et Servier. On va pouvoir présenter des résultats qui permettront de livrer des statistiques, de l'analyse.

Les autorités réglementaires françaises ont déclenché une inspection du site de production où UCART19 était fabriqué, mais leurs responsables se moquent complètement des résultats obtenus à Londres, c'est le dernier de leurs soucis. En réalité, les Américains ont plus applaudi que les Français. Neuf fois sur dix, la presse française a évité consciencieusement de nous citer, comme si elle ne nous pardonnait toujours pas d'avoir survécu. Un journal, bien sous tout rapport, titrait même que cette enfant avait été sauvée avec des cellules T ingéniérées par CRISPR plutôt que par des TALEN, un mensonge pour ne pas nous citer. Peu importe. Comme dit un adage populaire, ce n'est qu'à la fin du bal que l'on paye les musiciens. Chez Cellectis, ce qui s'est passé avec la petite Layla a représenté une énorme joie. Cela nous a donné une énergie incroyable et bien compréhensible. Nous avons trouvé dans cette guérison la récompense d'une quinzaine d'années d'efforts. Nous avons tous considéré que le bonheur d'arriver à sauver au moins une personne était notre récompense. Au mois de mars 2016, le Docteur Waseem Qasim présentait lors d'un congrès à Washington le cas d'une deuxième petite patiente de seize mois, cette fois sauvée par UCART19. Le cas Layla s'est reproduit.

Pour autant, nous ne nous sommes pas reposés sur nos lauriers. Nous poursuivons les expérimentations. Le premier produit, UCART19, est conçu pour traiter la leucémie B. Nous en avons un autre qui suit, UCART123, pour la leucémie myéloïde aiguë, puis encore un autre ; nous n'allons pas manquer de projets. Nous avançons toujours en fonction du principe que j'avais établi au départ : rester toujours concentré sur le facile qui est déjà très difficile.

Pour comprendre

Nous savons que les tumeurs liquides sont plus faciles à traiter que les tumeurs solides, mais il y a beaucoup de choses à faire parce que, souvent, au bout de 3 ou 4 rechutes, les traitements de chimiothérapie n'offrent plus que 5 % de chances de survie. Par exemple, concernant la leucémie myéloïde aiguë, nous disposons d'un traitement, vieux de trente ans, qui s'appelle la cytarabine. Un premier cycle de cytarabine et on arrive à réduire la tumeur de 95-99 %. Quelques cellules cancéreuses restent, les vieux crabes les plus résistants à la cytarabine. Le cancer repousse de nouveau et ce qui repousse, c'est évidemment ce qui a été le plus résistant au traitement à la cytarabine. On retraite à la cytarabine une deuxième fois, et là on arrive à le réduire de 60 %. Ça repousse. Le cancer devient de plus en plus résistant à la chimiothérapie. Puis on retraite encore, la tumeur ne fond plus que de 20 %. Au bout de trois traitements, on a 5 % de chances de survie, c'est la fin.

Il existe de nombreuses formes de tumeurs liquides. Pour les soigner, il faudrait s'imaginer un grand bac d'eau, c'est le sang du patient, plein de cellules cancéreuses du patient flottant à l'intérieur. On ensemence cette eau avec des CAR-T armées contre les cellules cancéreuses qui sont dans le liquide ; celles-ci vont renifler le cancer et commencer l'attaque. Elles vont s'amplifier, elles mettent quinze jours pour l'anéantir avant de s'épuiser. Comme les cellules cancéreuses flottent, elles sont immédiatement accessibles. C'est un problème d'accessibilité tridimensionnelle uniquement. Les CAR-T vont avoir la possibilité de les attaquer toutes en même temps. Tout doit se passer en un espace de temps suffisamment court pour éviter l'épuisement des T.

Quant à la tumeur solide, à quoi ressemble-t-elle ? On prend toutes ces cellules cancéreuses flottantes et on les regroupe comme si c'était une boule de neige, une mandarine, une miche de pain, et on remet cela dans le bac d'eau. Cette tumeur solide bien compacte va évidemment se retrouver au fond de ce bac. Elle est pourtant composée exactement du même nombre de cellules cancéreuses que la tumeur liquide. Je vais mettre mes cellules T dans le bac, comme précédemment, elles vont renifler le cancer, elles vont l'attaquer et s'amplifier, mais, elles ne vont, hélas, avoir accès qu'aux cellules cancéreuses qui se trouvent à la surface de la boule, et encore, les cellules tumorales seront entourées de cellules du stroma. Pénétrer au centre de la boule cancéreuse est plus difficile, voire impossible. Résultat : les cellules T vont essentiellement peler la boule sans avoir, comme précédemment, un accès immédiat à toutes les cellules. Elles vont perdre un temps précieux à creuser. Au bout de quinze jours, la tâche ne sera accomplie que partiellement, elles vont s'épuiser et mourir. La tumeur va regrossir.

Les premiers traitements réalisés en CAR-T sur des tumeurs solides ne se sont pas révélés très concluants à cause de cette fatigue au bout de quinze jours des cellules T. Elles sont efficaces pour obtenir une réponse très rapide, contre une infection grippale par exemple, pas pour mener un travail laborieux et de long terme pour faire fondre une tumeur solide. Le miracle n'opérait plus de la même manière. Il fallait redoser avec une nouvelle injection de CAR-T, ce qui est trop compliqué quand les cellules proviennent du patient. Que fait-on ? On lui reprend des T et on recommence ?!

Les principales tumeurs solides sont : le cancer du sein, de la prostate, du foie, du pancréas, du poumon, du cerveau… tout ce qui n'est pas cancer du sang. Ces cancers ont des formes assez diverses. Et souvent, l'accès aux cellules T est difficile. Il y a un manque d'oxygène à l'intérieur de ces cancers, les masses sont relativement importantes, les cellules ne peuvent pas s'infiltrer complètement à l'intérieur de cette gangue. La solution pour les tumeurs solides avec les CAR-T exigera de s'engager sur un plus long chemin. Il faudra sans doute avoir la capacité de redoser autant de fois que nécessaire, probablement accompagner aussi cela de chirurgie et de chimiothérapie pour réduire la taille de la tumeur. Passer à de nouvelles versions de CAR-T où le CAR sera mieux contrôlé et les cellules T rendues insensibles aux signaux émis par la tumeur solide, des signaux inhibiteurs par édition du génome de la cellule T. Bref, ce n'est pas gagné.

Ce que nous pensons, en l'état actuel de nos travaux, c'est qu'il y aura un accès au cancer à tumeur solide en combinant peut-être la chirurgie avec les CAR-T allogéniques, pour pouvoir redoser plusieurs fois, peut-être 4, 5, 6, 7 fois, avec la chimiothérapie. Mais cette dernière, souvent, agit contre les cellules T et les tue, c'est ce que l'on fait par exemple dans les cas de leucémie myéloïde aiguë. Ce serait assez intéressant de pouvoir co-utiliser la cytarabine avec la cellule T. L'ennui est que la cytarabine tue les cellules T, le CAR-T. Par édition de gène, on peut modifier le génome de la cellule T de façon à ce que la cytarabine n'agisse pas sur la cellule T. Donc, nous avons un traitement standard du cancer, pouvant détruire 95 % de la tumeur, et en même temps on co-injecte la cellule T, qui est insensible à la cytarabine et qui va aller nettoyer les résidus de cellules cancéreuses restant ; on va pouvoir redoser autant de fois qu'il le faut en cellules CAR-T. Sachant qu'on a un produit sur étagère, on peut redoser de façon à complètement nettoyer le cancer et tout ce qui est cancer résiduel sera complètement détruit. Les cellules T auront le temps d'aller chercher les dernières cellules cancéreuses qui se cachent hors des vaisseaux sanguins, sous la peau, par exemple. C'est une première stratégie.

Deuxième stratégie que l'on veut mener : s'appuyer sur les mécanismes de défense du corps humain contre les cellules T parce qu'elles peuvent être assez agressives. Elles peuvent provoquer parfois des maladies auto-immunes, par exemple certains types de diabète. Nos cellules, elles, ont des systèmes qui permettent de dire aux cellules T : « Ne me tue pas. » Elles sont munies d'un récepteur à la surface, elles donnent un signal qui dit « Ne me tue pas » ; la cellule T arrive et dit : « Ah OK, d'accord j'ai compris, je ne te tue pas. » Ce signal qui dit à la cellule T « ne me tue pas », c'est PDL-1. Et la cellule T a un récepteur à sa surface qui s'appelle PD-1. Quand elles vont entrer en contact toutes les deux, la cellule cancéreuse va dire à la cellule T : « PDL-1 » (ne me tue pas), et la cellule T va checker par PD-1 avec elle et dire « OK d'accord, je ne te tue pas », elle va s'en aller. Il y a des traitements anti-cancer actuellement basés sur le masquage de ces signaux qui donnent d'excellents résultats. Avec son masque anticorps, la cellule T ne va pas voir le signal PDL-1 de la cellule cancéreuse et va l'anéantir quand même.

Une autre façon de procéder, c'est d'enlever PD1 de la surface des cellules T. Comment ? Avec un TALEN, on casse le gène PD-1 de la cellule T, donc la cellule T n'a plus de PD1. Quand elle arrive devant la tumeur, elle communique avec la cellule T et lui dit : « Ne me tue pas PDL-1. » La cellule T n'ayant plus de gène PD-1 ne va pas pouvoir voir le signal et la tuera sans pitié. Tout cela relève d'une ingénierie visant à faire des cellules CAR-T des tueuses surpuissantes, capables de se multiplier, impitoyables face aux signaux PDL-1. Mais une cellule T a cette faiblesse que j'ai déjà relevée : son épuisement rapide. Nous recherchons donc aussi les moyens de lui épargner cette fatigue programmée et de masquer ce qui peut l'empêcher de se multiplier *ad vitam æternam*. Contrôler cette horloge interne peut fournir une arme puissante contre le cancer. Réduire l'épuisement de la cellule T en la reprogrammant par édition de son génome est une piste à suivre. C'est un monde complètement nouveau qui s'ouvre à la médecine : la programmation des cellules tueuses puissantes et ciblées, qui vont pouvoir être contrôlées à distance par des molécules injectées au malade. Cette programmation peut s'apparenter à de l'électronique avec des systèmes qui sont en fait des signaux envoyés à l'intérieur de la cellule. Mais ici nous entrons dans un domaine bien trop prospectif et complexe. Je propose donc de le laisser de côté.

Dans trente ans, nous n'en aurons malheureusement pas terminé avec le cancer. Il y en aura toujours. Le cancer a toujours existé et il existera toujours. Il y a bien entendu des prédispositions à des cancers, mais beaucoup de facteurs étrangers favorisent leur développement. Nous les connaissons : les irradiations multiples, ce diesel que l'on n'a pas le courage de supprimer, la cigarette, le stress dit oxydatif, la mauvaise nourriture, l'exposition inconsidérée au soleil.... En revanche, grâce aux diagnostics précoces et précis ainsi qu'aux nouveaux traitements qui arrivent, on aura des taux de succès de plus en plus élevés et les cancers seront de plus en plus traités comme des maladies chroniques. Si on considère les progrès réalisés, voici encore trente ans, une femme qui avait une deuxième résurgence d'un cancer du sein était condamnée. Maintenant, même au bout de trois résurgences, nous avons un très bon taux de survie. L'édition de gène va aussi permettre de s'attaquer aux prédispositions que nous avons tous. Au lieu de faire des ablations d'organes telles que pratiquées de nos jours, les mutations donnant une prédisposition pour un cancer pourront être effacées. Mais on n'éliminera pas complètement la possibilité de voir apparaître des cancers. Les gens vivront beaucoup plus longtemps, en meilleure forme, développeront moins de cancers, cela est certain, mais il y en aura toujours. Sans oublier que des vies plus longues encore entraîneront *de facto* une augmentation du nombre des cas de cancer, étant admis que cette maladie a une plus forte prévalence chez les sujets âgés.

Les urgences

Le VIH n'est pas un cancer. C'est une sorte de virus, la Ferrari des virus, absolument terrible. Un virus qui fait un peu moins que 10 000 lettres d'ARN, ce qui n'est rien, mais elles se trouvent être d'une sophistication de programmation absolument hallucinante. Si ce n'était si dramatique, on pourrait parler d'une merveille de technologie de programmation. C'est complètement fou que la nature puisse atteindre un tel niveau de sophistication dans une structure aussi petite. Ce qui est terrible, c'est que le VIH, comme tout rétrovirus, s'intègre dans le génome de son hôte. Il va entrer dans la cellule et convertir son code ARN en ADN et s'intégrer à l'ADN de la personne infectée. On appelle cela des rétrovirus parce que l'ARN va se rétrotranscrire en ADN. L'ADN du patient codera pour le VIH, qui désormais fera partie de son ADN propre et on ne pourra plus s'en débarrasser. Avec les progrès de la trithérapie intervenus depuis 1996, les gens sont bien traités. Mais ils sont obligés de s'y soumettre à vie. Le porteur du virus du sida est en quelque sorte un transgénique, un OGM. Le VIH fait désormais partie de son ADN.

Nous pouvons aujourd'hui raisonnablement penser qu'avec des TALEN ou autres, nous parviendrons à aller découper chez le patient la séquence du VIH et l'enlever, désinfecter le génome de ce transgène. Je suis certain que l'on y arrivera dans les trente années à venir. Tous les virus qui passeront par une phase ADN, grâce à des ciseaux à ADN, on pourra les détruire, on pourra provoquer un rejet de ces séquences ADN et s'en débarrasser complètement. Le problème réside plus dans le vecteur qui pourra apporter les TALEN dans les cellules infectées, dans toutes les cellules infectées, sans laisser de traces.

Nous aurons des résultats avec le VIH mais vraisemblablement aussi avec d'autres maladies infectieuses chroniques qui font des ravages : l'hépatite B, qui concerne des centaines de millions de personnes ; l'herpès, ce virus qui se cache dans le ganglion trijumeau du système nerveux ; le virus du papillome, qui provoque chez les femmes des cancers du col de l'utérus. Tous ces virus, qui sont des virus à ADN, on pourra les découper et les détruire. Nous allons pouvoir rendre le génome des gens plus « propre ».

Pour l'instant, on sait le faire sur papier, mais on ne sait pas le faire « en vrai ». Les technologies d'aujourd'hui sont capables de le faire *in vitro*, dans des cellules en laboratoire, pas sur un être humain entier. On a des solutions médicamenteuses traitant les symptômes de toutes ces infections sans pouvoir traiter l'origine de leur cause. L'édition de gène permet d'accomplir ce grand pas que tout le monde espère. On peut réécrire les choses. Toutefois, toutes ces infections vont pouvoir être traitées à partir du moment où l'on aura fait des progrès de plus en plus puissants en termes de vectorisation. Parvenir à introduire un TALEN dans les bonnes cellules, les cellules infectées, et dans un pourcentage qui devra être de 100 %, ce sont les deux objectifs qu'il nous faut absolument atteindre pour faire un saut « quantique » dans la lutte contre ces maladies.

Là aussi, il faut d'importants moyens. Je ne considère jamais la barrière de l'argent comme étant infranchissable. L'argent n'est qu'un problème momentané. Si, au bout du compte, la technologie apporte des résultats vraiment spectaculaires, cette barrière de l'argent finit toujours par tomber. En termes d'affaires, si l'on parle de ces choses crûment, traiter un symptôme par des médicaments, accorder une rémission partielle et rechuter, c'est plus intéressant financièrement que de mettre en circulation un traitement promettant une rémission complète. Un patient sous trithérapie à vie rapportera *in fine* bien plus qu'une injection qui le guérira définitivement. En revanche, il est évident que, pour les pouvoirs publics, la guérison est, en simples termes budgétaires, plus intéressante que n'importe quel traitement chronique. Donc le traitement assurant la guérison totale pour tous les patients finira bien par apparaître un jour. Il n'y a pas de cynisme dans la recherche.

Reprenons à ce propos le cas de l'hépatite B. Actuellement, les molécules traitent essentiellement ses symptômes. Cette maladie affecte quelques centaines de milliers de personnes par an dans le monde. En revanche, les personnes porteuses de l'hépatite B sont 240 millions ; en termes de marché toujours, cela représente potentiellement beaucoup d'argent. Les laboratoires pharmaceutiques ne vont pas pouvoir ignorer encore très longtemps ces nouvelles technologies dans une approche antivirale. Si ce ne sont pas les laboratoires, ce seront sans doute de nouvelles sociétés qui le feront. Qu'importe, ceux qui ne s'y intéresseront pas connaîtront probablement de grandes désillusions. On n'arrête pas le progrès. Si ce progrès permet de guérir quelqu'un au lieu d'en faire un malade à perpétuité, cette technologie émergera.

Pour le VIH, des essais sont aussi réalisés par Sangamo BioSciences. Dans l'édition de gène, ils ont privilégié et développé la technologie des doigts de zinc. C'est une approche assez pertinente qui nous intéresse aussi. Elle cherche à refabriquer un système immunitaire pour le patient en fermant la porte d'entrée au VIH.

On prélève des cellules chez le patient, on supprime la porte d'entrée du VIH et on lui réinjecte ces cellules. Celles-ci vont recréer un système immunitaire permettant de détruire tous les tissus infectés par le sida et guérir éventuellement les patients infectés. Pour l'instant, on attend les résultats, mais cette technique peut s'avérer elle aussi très encourageante. L'approche est compliquée à réaliser, mais, sur le sida, cet essai-là est le plus prometteur.

Sur le « marché » de la science, les gens ne se concentrent pas du tout sur les bienfaits pour l'humanité. Ils prospectent là où le succès peut venir le plus rapidement. Si aujourd'hui tout le monde s'agite sur les cancers à cellules B, nous compris, c'est parce que c'est le plus facile. Notre réalité est que nous sommes essentiellement financés par l'argent des investisseurs qui veulent du sonnant et du trébuchant. Alors, au bout d'un moment, quand la forme de cancer que l'on est en train de traiter ne devient plus un problème, que notre technologie ne fait plus vraiment la différence, qu'elle s'est standardisée, les nouvelles sociétés qui se créent vont tenter de prendre l'ascendant dans d'autres domaines tout aussi porteurs. Il ne faut pas chercher plus loin l'explication de ce que l'on appelle les maladies dites orphelines. Elles sont orphelines de traitement, pour la simple raison que personne ne veut s'y intéresser pour l'instant. Trop compliqué. Trop peu de gens concernés…

Les maladies les plus difficiles à traiter sont celles du système nerveux central, telles que l'Alzheimer ou la maladie de Parkinson. Concernant les cancers, ceux des poumons, du pancréas, de la prostate donnent le plus de fil à retordre. Il y a eu des rêves dans les années 1990 quand j'étais à Harvard ; ils étaient bâtis autour d'une idée venue d'un éminent professeur du nom de Judah Folkman. Avec lui, on en était venu à imaginer que, si on arrivait à supprimer l'alimentation en oxygène d'un cancer, donc sa vascularisation, on étoufferait cette tumeur et elle mourrait d'elle-même. On pensait que cela pouvait être applicable à des tas de cancers différents. Les choses se sont révélées bien plus ardues.

Dans le traitement du cancer comme ailleurs, les miracles n'existent guère. Le corps dispose de tellement de ressources que le cancer trouve toujours une parade. Par exemple, quand on traite des malades par un CAR-T contre CD19, les 5 % qui rechutent le font parce qu'ils n'ont plus la cible CD19, le CAR-T ne voyant plus les cellules cancéreuses, qui repoussent. Le cancer repart, il faut chercher une autre cible, CD22 par exemple. La nature trouve toujours le moyen de s'échapper.

Il n'est pas vain d'espérer la mise au point d'une cellule artificielle qui pourrait un jour se charger de tout le travail. Ça se fera. Il faudra probablement dix-quinze ans. Le seul écueil avec une cellule T, c'est qu'elle doit être « maturée » dans le thymus. On ne sait pas bien faire de maturations des cellules T *in vitro*, du moins dans des quantités et des qualités suffisantes pour traiter un patient. On apprendra à le faire sans doute un jour. Une autre piste qui pourrait être envisagée consisterait à fabriquer des animaux capables eux-mêmes de produire des cellules T humaines. Avec les cochons, on s'approcherait le plus près de l'homme et on parviendrait alors à en sortir un produit pharmaceutique prêt à l'emploi.

Scéil : le pari fou des cellules souches embryonnaires

Il y a différents grades de cellules souches. Par exemple, le muscle possède ses propres cellules souches. Dès que des cellules musculaires se détruisent, du fait d'un effort musculaire trop grand ou d'une déchirure, en périphérie du muscle, les cellules souches musculaires vont pouvoir refabriquer du muscle. Cette cellule souche musculaire est unipotente, elle n'est pas muscle, elle ne dispose que de cette seule potentialité : refabriquer du muscle.

On peut avoir des cellules souches bipotentes qui, elles, peuvent fabriquer du muscle lisse et du muscle strié. On trouve aussi des cellules totipotentes pouvant fabriquer toute une catégorie de tissus ; par exemple, les cellules souches de la moelle hématopoïétique fabriquent des cellules dendritiques, des macrophages, des plaquettes, des globules rouges, etc. Elles arrivent à fabriquer quelques dizaines de tissus différents, mais uniquement des cellules sanguines. On peut continuer ainsi à remonter dans la hiérarchie de la cellule souche jusqu'aux cellules totipotentes. Celles-ci sont en mesure de fabriquer toutes les cellules du corps humain, sauf celles touchant à la lignée germinale. Elles ne peuvent pas fabriquer des spermatozoïdes ou des ovules. Quand on en arrive aux cellules totipotentes, on atteint le stade des cellules souches embryonnaires. L'œuf fécondé est totipotent et les divisions qu'il va subir n'altèrent pas cette totipotence jusqu'au stade de 60 cellules, le stade dit blastocyste, avant implantation dans l'endomètre maternel. Jusqu'au stade blastocyste, et, pour être plus précis, de la masse cellulaire interne du blastocyste, les cellules restent totipotentes, c'est-à-dire qu'elles peuvent redonner un humain normalement constitué, y compris avec une lignée germinale. Ce sont ces cellules souches qui représentent un énorme espoir pour ce que l'on nomme la médecine régénératrice.

Si on dispose de ses propres cellules souches embryonnaires, on peut estimer que l'on peut se refabriquer n'importe quel type de tissu. Le seul problème, et de taille, est qu'elles disparaissent entièrement quelques heures seulement après la fécondation. L'embryon qu'on était se développe et les cellules souches ne le sont plus. Jusqu'en 2006, on a pensé que ce problème était insoluble. Cette année-là, un chercheur japonais du nom de Shinya Yamanaka a découvert qu'à partir d'une cellule adulte différenciée, si on introduit un certain nombre de facteurs qui sont essentiellement des oncogènes, donc des gènes programmant le développement embryonnaire, cela provoque à l'intérieur de ces cellules des pertes de mémoire concernant son état de différenciation. C'est-à-dire que la cellule revient au stade de cellule souche embryonnaire comme si elle était au stade post-fécondation. La cellule se reboote au stade zéro. Grâce à la découverte de Shinya Yamanaka, sont apparues ces cellules que l'on appelle des cellules pluripotentes induites, obtenues par induction, les iPS.

On prend un morceau de peau, des cellules sanguines, des cheveux, n'importe quoi, on met ces facteurs à l'intérieur et le tour est joué, ces cellules remettent leur compteur à zéro. De 7 à 77 ans, même au-delà de 100 ans, cela marche aussi. On peut obtenir de nouveau ces cellules-là et, avec celles-ci, fabriquer le jumeau d'un individu, et même plusieurs s'il s'ennuie avec les autres et, surtout, on peut fabriquer n'importe lequel de ses tissus. On commence même maintenant à faire de l'impression 3D de tissus, à fabriquer avec ces imprimantes nouvelles de l'os, un morceau de pancréas, une partie des poumons. Dans un futur pas si lointain que ça, avec des iPS et des imprimantes 3D de tissus, il deviendra possible de fabriquer des organes complexes. Avec les iPS, on produit les types cellulaires nécessaires, par exemple pour un pancréas, et à l'imprimante de reconstituer l'organe avec les îlots de Langerhans, les cellules bêta dans une fiole, les alpha dans l'autre, les F, et obtenir un pancréas tout neuf. Chacun pourrait rêver de disposer de son magasin de « pièces détachées » grâce à ces cellules souches pluripotentes induites récupérées sur son corps, des pièces reconstituées comme il se doit.

Quand j'ai commencé à réfléchir à un tel projet, fin 2012-début 2013, notre société entrait dans cette zone de turbulence terrible que j'ai décrite précédemment, et il n'était pas possible de l'engager dans cette grande aventure. En tout cas, cette idée verra le jour. Forcément.

Le jour même de sa naissance, l'enfant traîne déjà un certain nombre de mutations qui se sont accumulées dans son génome, conséquences de ce qu'on appelle le stress oxydatif emmagasiné pendant tout son développement embryonnaire. On peut cependant *a priori* considérer qu'il vient au monde relativement propre, avec un génome pas trop altéré. Mais cette belle situation ne va pas durer très longtemps. Vont venir tous les excès de la vie. On fume, on boit, on mange n'importe quoi, on s'expose au soleil, on respire du diesel, on absorbe la radioactivité naturelle du sol, tout contribue à provoquer dans notre corps des mutations.

Nous savons que le vieillissement n'est pas programmé. Ce qui provoque notre vieillissement, c'est cette accumulation de mutations. De l'ordre, peu ou prou, du million par seconde dans l'ensemble du corps. Toutes ces mutations ne vont pas être retenues. Nous ne sommes après tout qu'un amas de 37 000 milliards de cellules, et environ un million d'entre elles sont frappées d'une mutation chaque seconde. Le plus souvent, fort heureusement, on encaisse ces mutations, qui disparaissent avec la mort de la cellule, qui sera remplacée par une nouvelle, mais elles finissent par s'accumuler. Parfois, la mutation peut provoquer un cancer ou d'autres maladies. Certains d'entre nous encaissent mieux que d'autres l'accumulation de mutations ou ont un système d'élimination qui est meilleur, il n'en reste pas moins que nous vieillissons tous. Notre peau est de moins en moins de bonne qualité, de même que notre cœur, notre vue... La dégradation générale est inévitable.

Le projet entendait amener le plus grand nombre d'individus à accepter immédiatement, avant de vieillir ou d'en avoir vraiment besoin, la sauvegarde de leurs cellules. À partir de celles-ci, dans un futur que nous espérions aussi lointain que possible, nous leur fabriquerions leurs cellules souches pluripotentes induites, préservées en les conservant dans de l'azote liquide à – 180 degrés. Un problème de foie à 80 ans, nous refabriquons un foie de 47 ans, l'âge où la personne concernée aurait fait son prélèvement. Supposons encore que ses parents ont consenti à ce prélèvement sur leur enfant le jour même de sa naissance, nous lui refaisons alors si nécessaire un foie de la qualité de son foie lorsqu'il était bébé.

Nous avions engagé ce programme. On l'a exécuté pour certaines personnes. Au bout d'un moment, devant la polémique franco-française qui naissait, nous nous sommes arrêtés. On m'a fait le grief d'établir une médecine à deux vitesses. Deux vitesses inévitablement au départ certes, parce que ce projet était cher. Fabriquer des cellules iPS n'est pas simple. Ces iPS ayant pour objectif d'être utilisées un jour pour des applications thérapeutiques, des contrôles qualités extrêmement compliqués et lourds étaient requis. Le stockage posait moins de problèmes.

En France, nous nous heurtions en plus au monopole de distribution du sang par l'EFS (Établissement français du sang). Cet organisme d'État ne peut pas accepter qu'un individu puisse utiliser ses propres cellules pour lui-même. Impossible de conserver des cellules pour son propre usage, interdiction d'extraire et de stocker. Nous nous sommes dit que la seule solution était de mener cette activité hors de France. Ce que nous avons fait. Mais au bout du compte, face à une telle levée de boucliers, nous avons préféré jeter l'éponge.

Est-ce que nous nous y remettrons ? Je n'en sais rien. Ce que je sais, c'est que nous sommes aussi avec ce projet devant des perspectives incroyables de médecine. Les iPS et l'édition de gène ouvrent ensemble des possibilités infinies pour améliorer la vie des gens. Difficile de donner un horizon, mais c'est la médecine du futur.

5

Une révolution pour notre environnement

Nourrir les hommes, les nourrir mieux

Quand on aborde cette question, le constat pour notre Planète est imparable et se vérifie chaque année : de moins en moins de terres cultivées, de plus en plus d'habitants. Le phénomène est mondial et l'on pense que les surfaces cultivées vont encore avoir tendance à se réduire dans les trente prochaines années de façon assez inquiétante. C'est cette tendance-là qui pousse essentiellement les grands semenciers et les fermiers, tous les professionnels impliqués dans le domaine de l'agriculture, à augmenter les rendements. C'est logique.

Ce qui intéresse le fermier actuellement, c'est d'avoir des semences à très fort rendement à l'hectare. Gagner plus d'argent sur moins de surface, tout en ayant à travailler moins. Ce sont les trois principes qui régissent aujourd'hui le monde agricole. Or, de cela, généralement le consommateur n'en a strictement rien à faire. Ses préoccupations sont tout autres. Lui cherche à mieux manger. Il ne cherche pas à manger plus, il cherche à manger moins de « cochonneries », à s'alimenter sainement.

Chose assez caractéristique, il suffit d'observer les boîtes de céréales et certains aliments que l'on peut trouver sur la table d'un petit déjeuner pour une certaine population qui a les moyens, que nous qualifierons de « bobos occidentaux ». Toutes les indications portées sur les emballages détaillent ce qu'on ne trouvera pas à l'intérieur. Ce qu'ils contiennent, on s'en fiche un peu. Sans gras, sans *trans fat*, sans OGM, sans gluten, sans sucre, sans sel, etc., aucun régime n'est oublié ! Pourtant, le consommateur commence à avoir de plus en plus conscience des bienfaits et des méfaits qui sont causés à la nature et qui ne sont pas sans conséquence au niveau de sa propre assiette. Ce n'est pas encore le cas d'une majorité de la population, dans les pays défavorisés on est toujours hélas à la quête insupportable des produits de première nécessité, mais, quoi qu'il en soit, le mouvement va dans ce sens.

Pour l'appréhender, il ne faut pas se fixer un horizon allant jusqu'à 2020 mais se situer sur l'ensemble du siècle présent. Il est déjà évident que le changement climatique commence à préoccuper de plus en plus de monde et il devra être pris sérieusement en considération, du fait même que lui aussi peut avoir un impact sur les qualités nutritives des aliments. Bien se nourrir pour bien se porter, la revendication se fait de plus en plus pressante.

Pour le comprendre, j'aime citer l'exemple d'un secteur extrêmement à la pointe, celui de la viticulture qui, en France, est passée par toutes les phases, regroupant des gens qui, plus rapidement que d'autres dans l'agriculture, n'ont jamais hésité à se remettre en cause. Les Français ne s'en rendent pas toujours bien compte. On sait que nous possédons les meilleurs vins du monde mais, alors que sur bien des terrains nous aimons nous pousser du col, nous semblons étrangement sous-estimer les talents des viticulteurs, comme si nous nous étions habitués à demeurer au sommet de cet « art ».

On fait des bons vins parce qu'on sait faire de bons raisins. Si on peut faire du mauvais vin avec de bons raisins, on ne fait pas du bon vin avec du mauvais raisin. C'est enfoncer une porte ouverte que de le rappeler. Les meilleurs vins sont fabriqués en France avec des méthodes agricoles qui sont souvent extrêmement proches de la nature, souvent en bio-dynamie, en s'efforçant d'avoir recours à un minimum de traitements. Les ceps de vigne vont rechercher au plus profond ce que la nature peut leur proposer, les raisins sont beaucoup plus denses, plus riches, on fait de moins en moins de productivité, de culture monoclonale, avec un vignoble issu d'un même cep de vigne. La sélection massale et la polyclonalité sont de mise.

On s'est rendu compte finalement que souvent un terroir planté de vignes polyclonales est moins infecté par exemple par l'araignée rouge qu'un vignoble composé seulement de ceps de vigne monoclonale. Sortis de nos vignes, les consommateurs sont un peu perdus par rapport au fonctionnement de notre agriculture. Elle est en général mal expliquée et donc mal comprise par le public. On aime débattre des OGM, mais on n'est pas dérangé par le fait qu'on stérilise totalement les champs avant de les planter avec des herbicides, des pesticides, et qu'on va les arroser avec des tonnes d'azote, ce qui les transforme en quasi boîtes de Petri. Pour garantir une culture rentable et abordable, on « dénourrit » en quelque sorte la terre, puis on y fait pousser des plantes avec des moyens artificiels. L'important, ce n'est pas le mal qu'on fait à la Terre, à l'agriculteur ou même à soi-même, non, l'important c'est que l'on n'y plante pas d'OGM. Les OGM, la cible facile, qui ne coûte finalement pas grand-chose à l'État puisque nous n'en avons pas. Les grandes chaînes de distribution alimentaires garantissent du « sans OGM » dans les rayons alors qu'il n'y en a quasiment pas en France.

L'effort est donc inutile. Ils nous bourrent le crâne : « sans OGM = bon pour la santé », alors que la malbouffe est sans OGM. Cette conscience-là, parce qu'ils sont mal informés puisqu'on leur raconte n'importe quoi, les gens ne l'ont pas encore acquise. Nous nous réfugions de plus en plus dans le bio qui coûte cher, qui est compliqué, qui ne pourra jamais nourrir tout le monde. C'est ce qui me fait dire que le consommateur est de plus en plus perdu.

La prise de conscience de l'empreinte néfaste de l'homme sur la Terre s'opérant, se répand aussi le souhait certain de revenir à des choses affichant, selon la formule désormais consacrée, « un bilan carbone positif ». On prêche pour une agriculture plus locale épargnant les coûts de transport, offrant des produits réellement de saison qui n'auront pas eu à rougir sous d'autres cieux pour appâter et épater le chaland. Actuellement, les espèces sélectionnées et les techniques qui ont permis depuis des siècles de pouvoir nourrir la masse sont de moins en moins adaptées à notre futur, au futur que souhaite le consommateur. Nous sommes parvenus à un moment où ce qui a été réalisé par le passé devient incompatible avec le futur, incompatible avec la rentabilité des gros semenciers et des fermiers eux-mêmes, incompatible avec les tendances alimentaires actuelles et cette obsession de vivre mieux.

Les produits d'un nouvel âge

Cela fera bientôt près de quinze ans que nous nous sommes intéressés aussi aux plantes, répondant par là à cette grande curiosité que nous avions décelée chez quasiment tous les grands semenciers concernant les possibilités de faire de l'édition de gène dans leur domaine. Nous avons travaillé avec eux mais nous avons perçu assez vite que, ce qu'ils recherchaient en priorité, c'étaient des plantes résistant à de nouveaux herbicides et pesticides. Nous avions beaucoup de difficultés à savoir ce qu'ils faisaient. Ils nous voyaient comme des fournisseurs d'outils et certainement pas comme des partenaires. Nous en ressentions une grande frustration.

À partir de 2010, nous avons tenu à réagir en essayant de trouver et de leur faire accepter d'autres moyens de travailler avec eux. Nous ne voulions plus être simplement des fournisseurs d'outils, nous tenions à être des partenaires scientifiques. Nous avons donc décidé de monter notre propre plateforme d'agriculture biotechnologique, Calyxt, installée aux États-Unis à Minneapolis. Pourquoi Minneapolis ? Parce que Dan Voytas y vit et y enseigne. Nous avions décidé de monter cette plateforme autour des compétences de Dan. Nous avions la chance de l'avoir avec nous, celui-là même qui m'avait pressé de nous « convertir » au TALEN. Il est certainement de nos jours le plus grand généticien des plantes au monde, une personne d'une modestie et d'une intelligence absolument rares, professeur à l'université du Minnesota. Il a une vision exceptionnelle des possibilités de développement de l'agriculture biotechnologique.

Au lieu de nous borner à fournir « vulgairement » de nouveaux OGM aux producteurs de semences, nous avons pris le parti de concevoir les meilleurs produits du secteur de l'agroalimentaire. Au lieu de nous centrer essentiellement sur la productivité, sur la résistance à des herbicides et pesticides, nous avons fait le pari d'améliorer et de valoriser les produits de l'agriculture. On le constate un peu partout, et c'est consternant, le fermier est de moins en moins fier de son travail, obligé qu'il est de racheter tous les ans des semences, enfermé dans un système que je compare volontiers à ce qu'a réussi à faire la filiale du groupe Nestlé, Nespresso, avant que ne tombent ses brevets. Une fois la machine achetée, impossible de se servir d'autres capsules qui ne seraient pas de cette marque. De la même façon, le paysan a son maïs OGM résistant au Roundup qu'il ne pourra pas replanter l'année suivante. Il se voit forcé d'en racheter tous les ans s'il tient à obtenir un rendement plus élevé qui lui apporte des revenus l'aidant à maintenir le bon train de vie auquel il s'est habitué. Sa machine Nespresso est un système financier dans lequel il est complètement coincé. Il ne peut plus revenir en arrière. Pire : au fur et à mesure, il devient pratiquement l'employé de ces gros semenciers. Il n'est plus maître chez lui. Nous avons donc décidé de réagir en tentant de concevoir des plantes qui feront du bien à la fois aux consommateurs et à la nature, et par conséquent à la santé de l'agriculteur lui-même amoureux de sa nature.

Ce que l'on appelle « la malbouffe » est en grande partie la conséquence de l'utilisation excessive d'huiles de mauvaise qualité, saturées en *trans fat*, provoquant des maladies cardiovasculaires et favorisant l'obésité. La production de masse exclut les huiles de bonne qualité, beaucoup plus chères, de 30, 40, 50, voire 100 %. Cela ne pose aucun problème aux fabricants. Pour notre corps, ce n'est pas la même chose, avec notamment l'apparition de plaques d'athérome à l'intérieur du système sanguin. L'huile de palme dont on entend beaucoup parler n'est pas la pire, contrairement à ce qui est dit. Elle n'est pas de trop mauvaise qualité pour la santé, c'est la culture intensive des palmiers qui s'avère extrêmement destructrice de la nature. Nous avons préféré commencer à travailler sur le soja. Un produit extrêmement intéressant parce qu'il apporte deux choses : d'un côté des lipides, de l'huile, de l'autre côté des protéines, du tofu, de la nourriture pour animaux. Si tu manges des frites cuites dans de l'huile de soja, ça reste quand même des frites. Mais avec le tofu, on a l'impression de faire un régime, parce qu'effectivement il n'est pas très riche en certains types d'acides aminés et qu'en quelque sorte il éponge le gras.

Le casse-tête de la pomme frite

Nous nous sommes penchés aussi sur la pomme de terre. Le problème avec cette plante est que certains sucres peuvent se transformer au cours de son stockage.

N'étant récoltée qu'une fois par an, il faut pouvoir la stocker tout le reste de l'année pour pouvoir continuer à faire des frites et des chips. Dans l'idéal, il nous faudrait manger des pommes de terre seulement dans les quelques mois suivant leur sortie de terre. Tous, au niveau de notre petite cuisine, nous avons pu constater que conserver la pomme de terre en bon état n'est pas simple. Il faut l'aérer mais la laisser dans le noir, il faut que la température soit suffisamment basse mais pas trop. Sinon, les sucres sont digérés et caramélisent au moment de la cuisson à haute température. Cela donne un produit dérivé, l'acrylamide, un neurotoxique cancérigène et très dangereux pour la santé. On peut suspecter l'apparition d'acrylamide quand les frites ou les chips prennent une couleur un peu brune. Si la température de stockage monte trop haut, la pomme de terre germe, elle est à jeter. Si elle est placée à la lumière, elle verdit et devient indigeste. Un véritable casse-tête qui coûte des fortunes à l'industrie de la pomme de terre.

Ce stockage compliqué a toujours provoqué énormément de pertes. Pour les limiter, on n'hésite pas cependant à utiliser des pommes de terre de mauvaise qualité dans la chaîne alimentaire, qui tolère un taux d'acrylamide relativement élevé. L'État de Californie interdit de vendre des produits issus de pommes de terre frites, comme des chips, avec plus d'une particule d'acrylamide par milliard.

Aujourd'hui, Calyxt a conçu des pommes de terre qui ne convertissent pas ce sucre, limitant ainsi potentiellement l'effet cancérigène et neurotoxique. C'est parfaitement au point. Elles poussent dans le

Midwest aux États-Unis. Pour l'instant, elles ne sont pas commercialisées mais nous-mêmes en avons déjà mangé. Ces pommes de terre ne sont pas des OGM puisque qu'on n'y introduit pas de matériel génétiquement étranger. Ce que nous faisons est un travail sur l'ADN de la pomme de terre, en n'enlevant ou en n'ajoutant rien qui ne lui appartienne pas en propre : nous changeons juste la combinaison. Ce changement pourrait arriver naturellement à la pomme de terre, sauf qu'il n'existe qu'une chance sur cent millions ou un milliard de trouver la bonne pomme de terre ayant précisément cette caractéristique-là. Et encore, on pourrait peut-être attendre plusieurs milliers d'années avant de pouvoir en sélectionner une. En nous donnant ainsi les moyens d'accélérer le temps, nous essayons d'améliorer la qualité des aliments pour la santé des consommateurs.

Le gisement du soja

Nous agissons de la même façon pour le soja. Cette plante contient des acides gras qui se retrouvent dans son huile. On y trouve des acides gras monoinsaturés, mais aussi des enzymes qui vont polyinsaturer les huiles, 2 saturations puis 3 et constituer des acides gras polyinsaturés au bout du compte. Une saturation, c'est bon pour la santé, c'est ce qui s'appelle l'acide oléique, cela a un effet cardio-protecteur. Il y en a beaucoup dans l'huile d'olive. Paradoxe crétois : consommer de l'huile d'olive est bon pour la santé, on vit plus longtemps, on a moins de maladies cardiovasculaires, tout cela est maintenant bien connu. En revanche, les acides gras polyinsaturés sont instables ; pour les stabiliser, on est obligé de les hydrogéner. Cette hydrogénation industrielle produit des acides gras trans ou *trans fat,* qui eux sont très mauvais pour la santé, provoquant notamment des plaques d'athérome et conduisant à des maladies cardiovasculaires.

Mais pourquoi alors utiliser une huile de soja dans l'alimentation si celle-ci est pleine de *trans fat* ? Parce qu'elle n'a pas de goût lors de la cuisson, qu'elle n'est pas chère à produire, qu'elle rapporte au producteur, qu'elle permet de faire des rotations dans les champs qui sont bénéfiques pour la régénération de la terre à cultiver et qu'enfin on peut aussi valoriser grâce à elle l'apport en protéines pour l'alimentation humaine et animale. Le soja, c'est une des grosses plantes de rente dans le monde. Grâce à son goût neutre, son huile est la première huile alimentaire consommée sur Terre. Le problème est important, les enjeux considérables.

Face à cet état des lieux, nous avons choisi de fabriquer un soja qui stocke son acide oléique et ne le convertit plus en acide gras polyinsaturé et qui n'a donc plus besoin d'être stabilisé par des procédures d'hydrogénation industrielles. Nous aboutissons ainsi à une huile potentiellement excellente pour la santé, mais *low cost,* à forte productivité, permettant au fermier d'obtenir plus de rentabilité parce qu'il peut d'une part vendre les tourteaux de son soja pour gagner de l'argent et d'autre part vendre une huile de bien meilleure qualité à des coûts beaucoup plus intéressants.

Ce soja nouveau est bon non seulement pour le fermier mais aussi pour le consommateur. Notre huile de soja a quasiment les mêmes propriétés pour la santé que l'huile d'olive, peut-être même est-elle meilleure ! Elle restera une huile peu chère à produire et offrira potentiellement une meilleure rentabilité. Le marché du soja, rien qu'aux États-Unis, représente 40 milliards de dollars par an !

Pour modifier ce soja, comment procédons-nous ? On commence par le dissoudre jusqu'au niveau de cellules uniques et isolées sur lesquelles on va pratiquer de l'édition du génome. Là encore, comme pour la pomme de terre, on ne va ni introduire ni retirer du matériel génétique. On va juste l'éditer de façon à ce qu'il ne convertisse plus l'acide oléique en acides gras polyinsaturés. Ensuite, à partir de cette cellule unique qui a été éditée, on va monter un amas de cellules d'où pousseront ensuite des feuilles et des racines. Sortiront plusieurs petites plantes placées sous serre avant d'être plantées dans des champs. Puis, il faut augmenter le tonnage, ce n'est qu'à partir du million de tonnes que l'on pourra envisager d'entrer dans la chaîne alimentaire.

Nous avons déjà un pied dans ce circuit. Nous en avons récolté 30 tonnes en Argentine. Nous avons la possibilité de multiplier les saisons et les récoltes. Une saison en Argentine en hiver, une saison en été aux États-Unis. À chaque fois que nous plantons, nous multiplions le volume par 30. À ce rythme, nous devrions atteindre assez rapidement le niveau nécessaire pour envisager un lancement commercial.

La FDA américaine, l'équivalent en France de l'ANSM (Agence nationale de sécurité du médicament et des produits de santé) a publié un moratoire contre les *trans fat.* Toute l'huile de soja est *trans fat.* Cela signifie qu'à partir de 2018, normalement, l'huile de soja « classique » devrait être bannie de la nourriture aux États-Unis. Vont-ils arrêter de planter du soja, ce qui provoquerait un manque à gagner gigantesque ? Il faudrait que les agriculteurs se tournent alors vers d'autres plantes moins rentables ou qu'ils se rabattent sur des sojas ne produisant pas de *trans fat*, comme le nôtre. Le dilemme est que le soja reste quand même une bonne plante de rente et qu'elle est nécessaire pour les rotations des cultures et la régénération de la terre. La prochaine étape consistera à améliorer la teneur en acides aminés des tourteaux de soja afin que l'alimentation soit plus riche et éviter leur addition artificielle.

Un blé nouveau

Il est toujours possible de bien se nourrir avec des produits bios, mais cette forme d'alimentation n'est accessible qu'à un nombre restreint de privilégiés qui en ont les moyens ou le temps. Notre objectif est d'essayer de proposer des produits compatibles avec une nourriture de masse, avec les intérêts des fermiers et contribuant à ne pas nuire sinon à améliorer la santé des consommateurs en respectant la Terre. Autre exemple encore, le blé : nous faisons entrer notre premier blé en champ, un blé résistant au mildiou, ce champignon qui peut attaquer aussi la pomme de terre ou la vigne.

Jusqu'à présent, pour combattre ce champignon, on arrosait les champs de fongicide, ce qui n'est pas l'idéal pour la faune et la flore, ni pour nous. Le blé que nous mettons au point n'a pas besoin d'un tel traitement puisque le mildiou ne peut pas s'y développer. N'étant pas transgénique, il n'est pas considéré non plus comme un OGM. Nous lui avons donné une propriété qui apparaît naturellement dans certains types de blé mais qui ne se trouve pas dans les blés de rente. Ce blé extrêmement intéressant devrait permettre au fermier de ne plus s'empoisonner lui-même ni d'empoisonner la nature et son prochain avec ses traitements fongicides.

Aliment majeur de notre alimentation, le blé représente naturellement pour nous un gigantesque marché. Nous sommes aussi en train de fabriquer du blé réduit en gluten. Beaucoup de personnes aujourd'hui, à tort ou à raison, se déclarent sensibles à ce gluten, n'ont plus envie d'en manger, et nous sommes donc en présence d'un marché porteur. Mais certaines personnes ne sont pas sensibles au gluten et aiment bien manger une baguette super croustillante par exemple, ce qui n'est possible qu'avec un blé renforcé en gluten. On peut proposer aussi du blé contenant un fort taux de gluten, ce qui fournira une matière plus intéressante au boulanger.

Même chose pour les teneurs en sucre. Pour ceux qui sont astreints à certains régimes alimentaires, nous avons mis au point un blé dont les sucres ont été modifiés, pour avoir par exemple des sucres plus lents que les sucres normaux actuels. Cela peut être utile pour des sportifs de haut niveau qui ont toujours besoin de sucres lents meilleurs pour la digestion, car ils produisent des fibres. Il existe donc toute une série d'actions, menées sans addition, sans transgénèse, sur lesquelles nous nous employons, non seulement pour la rentabilité du fermier, la réduction de la surface des terres plantées, mais aussi pour la protection de notre nature, et au final le consommateur y trouvera aussi son intérêt pour sa santé.

Parmi tous ces projets qui nous mobilisent beaucoup, il y a la question de l'utilisation de l'azote. Quand on sème du blé dans les champs, on y répand la plupart du temps des tonnes d'azote polluant puisqu'on a affaire à un produit chimique. L'azote représente 78 % de l'air que nous respirons alors que l'on n'y trouve que 20 % d'oxygène. Nous allons tenter d'exploiter cette opportunité de capturer l'azote dans l'air pour parvenir à nous dispenser de ces épandages d'azote dans nos campagnes.

OGM : les fausses peurs

Tous ces efforts accomplis, pas seulement par nous d'ailleurs, n'empêchent toujours pas et curieusement certains de penser que « c'était mieux avant », comme ils disent. C'était mieux avant, sauf qu'avant notre monde devait affronter des famines, se débrouiller avec des plantes moins riches en nutriments. Les gens manquaient de nourriture. Les périodes de disettes n'ont commencé à disparaître à partir de la fin du XIXe siècle que lorsqu'on a su faire de la mutagénèse chimique ou de la radiation sur les plantes pour en accélérer l'évolution. Ce sont ces « monstres tchernobyliens » que nous mangeons aujourd'hui, qui nous sauvent de la disette, mais qu'on identifie à ces espèces « du bon vieux temps ».

La technologie nous apporte une aide précieuse, à la condition impérative que l'on ne joue pas aux apprentis sorciers. Ne faire rien d'autre que de pratiquer des mutations qui peuvent se produire naturellement, qui sont déjà présentes dans la nature, qui peuvent avoir des avantages vraiment significatifs pour l'humain, sans risques pour la nature, pour notre santé à tous, y compris nos paysans, est une alternative au chamboulement en cours sur la Planète.

De surcroît, ce doux rêve teinté de nostalgie, cette régression prônée par les chantres des anti-OGM, ne se nourrissent que de romantisme et de faux raisonnements. La réalité est que, jusqu'à ce jour, nous n'avons pas enregistré la moindre preuve d'une quelconque toxicité provoquée par des OGM. En revanche, ne pas avoir d'OGM dans son alimentation ne veut, en aucune manière, dire que ce n'est pas de la *junk food* pleine de gras, *trans fat*, pesticides, herbicides, hormones et sucres. L'étiquette « sans OGM » ne veut pas dire bio ni respect de la nature. C'est bien souvent l'opposé car le sans-OGM en culture de masse nécessite une utilisation massive de produits chimiques. Ça ne coûte finalement pas grand-chose de la coller sur une boîte de céréales. Cela donne l'impression que c'est bon pour la santé alors que ce n'est que simplement… sans OGM. Rien de bon, rien de plus.

En France, toutes les espèces végétales sont centralisées à l'INRA (Institut national de la recherche agronomique). En fait, on ne cherche pas des espèces végétales nouvelles, on utilise des espèces végétales qui poussent actuellement, par exemple des variétés de pommes de terre pour faire des frites et celles pour faire des chips. Je ne pense pas que les gens soient prêts à manger celles qui auraient un goût différent de celles qu'ils ont toujours mangées. On peut imaginer des pommes de terre ayant une apparence plus rustique, mais la limite est vite posée. En gros, s'il en existe au monde des centaines de variétés, aux États-Unis quatre types de pommes de terre dominent pour les frites et les chips : Ranger Russet, Russet Burbank, Atlantic et Snowden. En France également, toutes les variétés de pommes de terre que l'on peut planter, qui dépassent probablement la centaine, ne sont pas toutes utilisées dans l'alimentation de masse.

Nous sommes dans la même approche que pour les cépages de vigne. Nous avons quelques grands cépages, cabernet sauvignon, merlot, pinot noir, chardonnay, sauvignon, à partir desquels se font des déclinaisons moins compliquées, de masse. Le fer servadou et le ondenc font des vins fabuleux, mais ils sont réservés à une élite de connaisseurs. Nous nous sommes également rendu compte que les apports alimentaires intéressants étaient au nombre de cinq : les glucides, les lipides, les protéines, les minéraux et les vitamines. Nous allons continuer à essayer d'améliorer leurs qualités, leurs flaveurs, leurs textures mais, il faut le répéter, on va aller bien au-delà le respect de la terre et de ceux qui la travaillent.

Dans les années à venir, notre nourriture sera modifiée de façon très significative et ce changement contribuera aussi à écrire au cours de ce siècle les nouveaux chapitres de l'histoire de l'homme sur Terre. Nous allons pouvoir disposer d'une nourriture totalement nouvelle qui n'existe pas aujourd'hui. Il est encore impossible de dire ce que nous trouverons dans nos assiettes dans dix ans. Nos aliments d'aujourd'hui vont évoluer, mais beaucoup plus rapidement que par le passé. Le blé lui-même en atteste. Auparavant, on avait des épis de blé avec très peu de grains, les épis sont maintenant extrêmement lourds. La productivité y a gagné. À la fin du XIXe siècle, on en était à moins d'un quintal par hectare, on doit tourner de nos jours en France autour des 80 quintaux, mais une bonne partie de ce blé n'est même plus panifiable. Ce n'est pas le moindre des paradoxes : on a poussé la production de blé au maximum, mais on ne peut plus en faire du pain parce qu'il ne se tient plus. On est obligé d'importer en France de la farine qui vient du Canada pour pouvoir faire de la baguette. Le Canada produit moins de 30 quintaux par hectare alors qu'en France, on dépasse le plus souvent les 70. On en est là.

Cette course éperdue à la productivité et à la résistance aux herbicides et aux pesticides a complètement pollué le domaine de l'agriculture pour se détourner de son objectif premier : nourrir les gens. Pour recoller les morceaux, l'édition de génome offre la possibilité de se tourner vers la cuisine elle-même, l'alimentation, la nutritivité des produits, les goûts, la compatibilité avec la nature sur des espèces dédiées à la production de masse. Nous aurons aussi, dans nos assiettes, des aliments qui auront des consistances différentes, des goûts nouveaux, des qualités nouvelles. Par exemple, les huiles : il faut actuellement une huile extrêmement liquide pour faire des frites, résistant à des températures très élevées, sans provoquer de dommage, et au contraire des huiles pour la pâtisserie qui deviennent solides quand elles refroidissent. Aujourd'hui, pour aboutir à ce résultat en pâtisserie, on lie les huiles de façon chimique, par des procédés totalement artificiels et peu regardants sur la santé du consommateur. Le beurre est une alternative mais, dès que l'on aborde des quantités industrielles, ce ne sont plus des graisses naturelles qui sont utilisées.

Nous avons là encore le parfait exemple de ce que nous pourrons faire pour lancer ces produits d'un nouvel âge. Travailler pour avoir des huiles totalement naturelles pouvant se solidifier à température ambiante plutôt que de multiplier les interventions chimiques, mais nous pourrons investir des domaines beaucoup plus larges que cela, jusqu'à imaginer un apport ludique en jouant sur la couleur des aliments ou ses parfums.

Il n'y a que 20 % du soja dont peut être extrait de l'huile, 70 % c'est de la protéine qui peut être utilisée pour l'alimentation humaine et animale. Les végétariens ou même les végétaliens peuvent se rabattre là-dessus en sachant que ces protéines issues du soja ne sont pas un nutriment complet. En ne s'alimentant que de protéines végétales, on crée un déficit d'apport en acides aminés qu'on peut complémenter d'acides aminés artificiels, ce qui n'est pas ce qu'il y a de mieux. Fabriquer un soja doté d'une teneur en acides aminés beaucoup plus équilibrée, plus compatible avec une alimentation humaine ou animale, fait partie des choses auxquelles on peut s'attendre prochainement. On pourra avoir finalement un steak de tofu ayant les mêmes valeurs nutritives qu'un steak de bœuf classique… mais sans le goût.

La créativité de l'homme va se faire une place encore plus grande dans le domaine agroalimentaire. Ce sera vrai pour les plantes, ce sera vrai également pour les animaux. Il existe déjà des vaches sans cornes conçues par une société de Minneapolis, Recombinetics, qui a utilisé des TALEN pour les éditer. On peut s'insurger, mais si on explique que, pour éviter les accidents, la boucherie actuellement coupe les cornes des vaches, ce qui les fait énormément souffrir, mieux vaut avoir des vaches qui n'aient pas à passer par cette phase extrêmement douloureuse constituant une torture de plus pour elles. Ce peut être aussi du lait avec des propriétés particulières, des cochons avec des qualités organoleptiques différentes. Il n'y a plus de limites à ce que pourra faire l'homme.

Un combat d'un autre âge

Lorsqu'on fait pousser des fraises qui n'ont aucun goût, peut-on parler de progrès ? Ces fraises n'ont rien de technologique. Louis XIV en faisait déjà pousser, pour lui-même, en hiver, à Versailles. On vend des aliments, des produits infects, totalement dénaturés, avec des techniques très traditionnelles ou des combines d'un autre âge, impliquant souvent l'usage de la chimie à outrance. On fait chauffer des serres, on rapporte des plantes de l'hémisphère Sud pour les faire pousser dans l'hémisphère Nord, à grands frais et sans se soucier de l'empreinte carbone. On façonne des fleurs avec des colorants alors que l'on pourrait avoir des fleurs colorées naturellement, mais par édition de gène, avec des nuances absolument incroyables et sans utiliser de produits chimiques ni polluer quoi que ce soit. J'en passe et des meilleurs.

À partir des années 1970, on a pratiqué la transgénèse. Mais, comme pour mieux détourner notre attention de toutes ces inepties auxquelles nous avons fini par nous habituer, certains ont fait de la lutte contre les avancées de la science un business lucratif, comme pour les multinationales, les discours sont construits et les techniques remontent aux temps de l'Inquisition. On va faire de l'épandage, on va polluer, on va donner la mort, on produit des monstres, du « frankenfood ». Un champs « contaminé » par des OGM et on a l'impression que le champ a attrapé la maladie des OGM. Qu'il faut s'en éloigner, le soigner. On s'en moque si ce champ a subi quarante ans d'engrais azoté, d'herbicides, de fongicides ou de pesticides. Non, ce sont les OGM qui sont la mort, le danger. Comment ? Tout un discours qui est répété par des sortes de « régressionnistes » qui ont érigé cette lutte comme un business aux dépens de ceux qui les écoutent. Nos pouvoirs publics.

Que l'on puisse accuser le modèle économique, ce système « à la Nespresso » dans lequel on a enfermé les fermiers, je le comprends parfaitement. Cela n'a strictement rien à voir avec la technologie elle-même. Il n'y a pas d'exemple de « contamination » ayant conduit à une quelconque catastrophe écologique, la nature n'a pas été altérée par cette technologie. En revanche, la nature a été empoisonnée essentiellement par des espèces préexistantes prélevées « dans la nature » et ce, avec la complicité candide de l'homme : la taxifolia, cette sorte d'algue qui a été introduite dans la mer Méditerranée, qui tend à détruire complètement la faune aux alentours de Monaco puis sur toute la Côte d'Azur ; les silures, ces gros poissons omnivores jetés dans les cours d'eau en France et qui dévorent tout ; les crapauds-buffles venus d'Australie… Tout cela n'a strictement rien à voir avec les biotechnologies.

Du maïs transgénique, il y en a plein partout, personne n'en est jamais mort. Actuellement, plus de 50 % des cultures mondiales sont en OGM. Si elles avaient provoqué des millions de morts, humains ou animaux, on le saurait. En trente ans, pas moins de plusieurs milliards d'animaux ont été nourris au maïs transgénique de Monsanto sans qu'un quelconque petit effet secondaire n'ait pu être identifié. Peut-on faire mieux en matière d'essai sur animaux ? De même pour les humains, rien n'a été constaté. Tout cela pour dire que ce genre de délire paranoïaque, au demeurant exclusivement européen, n'a pas lieu d'être.

Dans ce combat d'un autre âge, la France demeure le porte-flambeau. Nous nous sommes même forgé à cet égard une réputation mondiale grâce à quelques activistes dont c'est devenu le gagne-pain. Comme on est suffisamment fou pour brûler des McDo, faucher des champs, détruire des laboratoires, on a ce genre de tolérance vis-à-vis de ces comportements qui me paraissent insupportables mais qui, évidemment, retiennent toujours la pleine attention des médias. C'est curieux : il suffit en France d'aller cogner des gens, de faucher, de brûler et de balancer du crottin dans la rue pour faire admettre que l'on a majoritairement raison.

Dans tous les pays du monde, on trouve toujours des personnes n'acceptant pas la transfusion sanguine parce que, dans leur croyance, il importe de rester pur. Mieux vaut mourir que de subir une chirurgie. On s'est créé beaucoup plus de problèmes avec les farines animales. Ce ne sont pas des produits biotechnologiques. C'est le *low tech* à outrance. On réutilise les carcasses d'animaux pour fabriquer de la farine moins chère qu'une nourriture saine. Je me souviens d'un dessin humoristique paru dans la presse en pleine crise de la vache folle. Il représentait deux vaches en train de discuter. L'une disant à l'autre : « Ah ! si on était végétariennes, tout cela ne serait pas arrivé ! »

Ces combats contre les OGM ne sont pas sans conséquences. En 1980, l'INRA était l'un des centres de recherche dans le monde le plus en pointe en matière de biotechnologie des plantes. Il y avait une recherche de très haut niveau conduite sur les OGM et puis, à partir des années 1990, il y a eu tout ce remue-ménage des José Bové et compagnie. Résultat : l'INRA, sous la pression des politiques, a été obligé de tout stopper. Toute la recherche dans le domaine de la génétique des plantes a déménagé, filant vers des sociétés privées, telles que Monsanto, Pioneer, Bayer, Syngenta, BASF. Nous sommes en France dans un hiver nucléaire depuis trente ans. Lorsque le *Nouvel Observateur* faisait sa couverture sur les risques cancérigènes des OGM avec une accroche digne des tabloïds britanniques mais indigne d'un tel hebdomadaire, le premier qu'on voyait à la télévision pour s'insurger contre les OGM était notre Premier ministre. Nous sommes dans le tiers-monde scientifique de ce domaine.

Toute cette recherche en biotechnologie des plantes est aujourd'hui au point mort. Ce qui fait que, pour tous nos politiques, de gauche comme de droite, maintenir l'interdiction des OGM ne nous coûte absolument plus rien. L'addition est déjà payée ! Puisque ce secteur ne produit plus rien, l'impact en termes économiques et d'emploi est de zéro. L'hypocrisie est totale. La toxicité mortelle du diesel n'est plus à démontrer, mais la politique de l'autruche va se poursuivre pour ne pas fragiliser notre industrie automobile. La santé du citoyen, malgré tous les beaux discours entendus, reste pour nos gouvernants une considération subalterne. Ils savent, enterrent les dossiers et les rapports les uns après les autres, attendent que le diesel disparaisse sans que personne ne se risque à établir le macabre décompte du nombre de morts imputables à cette politique du tout-diesel. On continue. Des familles ne comprennent pas pourquoi leur petite a de l'asthme ; pourquoi le beau-frère est mort d'un cancer des poumons alors qu'il ne fumait pas… On continue et on repart avec sa voiture diesel, crachant la mort à plein pot d'échappement ! L'État de Californie a voté un moratoire contre le diesel depuis des années. Nos politiques ont trouvé le bon moyen de nous détourner de cette catastrophe. Les OGM, voilà un bon sujet pour retrouver une parcelle de bonne conscience et pour pas cher.

Malgré tout cela, la demande en OGM reste forte. Parce que, les terres cultivables diminuant, le fermier demande de la productivité. Et aussi parce l'image du fermier se tuant à la tâche a bien jauni. Lui aussi a envie de prendre du bon temps. Les gros semenciers sont capables de répondre à ces exigences nouvelles. L'industrie de la génétique n'est pas la seule à accepter d'apporter son concours. On est aussi entré dans l'ère de la micro-climatologie. Grâce à des GPS, on peut prévoir le temps qu'il va faire à l'échelle de quelques acres. Même les endroits les plus reculés pourront être équipés de capteurs, pilotés par Internet, informant de l'hydrométrie du sol et de son contenu nutritif en temps réel. Une zone du champ qui devient plus sèche sera aussitôt signalée sur l'écran du tableau de bord qui équipera la ferme, ou même sur un smartphone. Ces mêmes capteurs signaleront tout aussi bien les infections. Un drone sera expédié de la ferme pour arroser là où il le faut, uniquement, apporter la dose de produit pour résorber les infections. Des robots pourront faire de l'arrachage de mauvaises herbes après analyse par caméras, comme si c'était fait à la main, sans herbicides.

Nous ne sommes pas dans de la science-fiction. C'est en train de s'installer aux États-Unis, c'est ce qui s'appelle l'agriculture de précision. Elle permettra aussi d'augmenter la rentabilité par hectare parce que, évidemment, on n'a jamais une production totalement uniforme. Le fermier gérera tout depuis son smartphone et pourra piloter à distance toutes les interventions réclamées. C'est aussi un formidable espoir de pouvoir réduire l'usage de la chimie dans les champs.

Une longue histoire !

Si on ne peut affirmer que les OGM sont aussi vieux que le monde, du moins peut-on prétendre qu'ils sont aussi vieux que notre civilisation. Aucune plante que l'on mange aujourd'hui n'est une plante naturelle. Toutes sont issues du clonage, de l'analyse et de la ségrégation de gènes opérés par l'homme. Est-ce que quelqu'un croit que le cabernet sauvignon, le merlot ou le chardonnay sont issus de cépages de vignes naturelles différentes ? Ce serait totalement faux. Tous les ceps, toutes les vignes plantées à la surface de notre Terre proviennent du même cep « sauvage » qui a pour nom *vitis vinifera.* L'œuvre de l'homme a fait le reste. Par clonage, à force d'analyses génétiques, ces ceps ont donné des grands crus et de la piquette, du cabernet sauvignon comme du muscadet, des quantités de vins pour tous les goûts et toutes les bourses. L'œuvre de l'homme a supplanté l'œuvre de la nature.

Quand on regarde comment, pour le vin comme pour toutes les productions céréalières, fruitières et autres, la productivité a soudainement augmenté entre le milieu du XIXe siècle et la période actuelle, nul ne peut nier que les progrès ont été spectaculaires. Cela donne une courbe quasiment asymptotique. Il y a une corrélation directe entre la découverte de la chimie et l'augmentation de la productivité des plantes, ce qui nous amène à rappeler que toutes les plantes que l'on mange aujourd'hui sont issues de mutations génétiques provoquées par des produits chimiques ajoutées aux plantes pour pouvoir sélectionner des caractéristiques nouvelles.

À la fin du XIXe siècle, on pratiquait la mutation chimique. Ensuite, on a découvert la radioactivité et on a réalisé des mutations par radioactivité. Pour l'anecdote, il s'est même tenu dans le monde des sessions dans des congrès scientifiques particuliers où les gens venaient présenter les nouvelles plantes qu'ils découvraient dans la région de Tchernobyl, après l'explosion en 1986 de sa centrale nucléaire. D'ailleurs, des recherches sont toujours en cours sur toutes ces nouvelles variétés qui ont augmenté sur place la biodiversité. Certes, les répercussions sur la santé des gens ont été dramatiques. Des tas de cancers se sont déclarés, on ne peut pas nier l'ampleur de cette catastrophe. Trente ans après cependant, loin du paysage lunaire qu'on pouvait s'imaginer à la lecture de tout ce qu'on nous décrivait dans les journaux et livres, on trouve sur place une faune et une flore d'une richesse invraisemblable.

« Il ne faut pas toucher à la nature. » Là aussi nous avons nos intégristes. Il ne faut pas toucher à « mère nature ». En 1920, n'est-ce pas, on mangeait tellement mieux ! Les aliments avaient tellement meilleur goût ! Et tout le reste ainsi à l'avenant. Qu'en savent-ils ? Qu'en savons-nous ? On n'en sait strictement rien. Comment connaîtrions-nous le goût qu'avaient les choses à cette époque-là ? Peut-être les fraises et les tomates d'alors nous sembleraient-elles aujourd'hui bien fades. Depuis que l'homme n'est plus chasseur-cueilleur, il n'y a plus rien du tout de naturel parmi ce que l'on mange ou ce que l'on touche.

Une autre chose aussi a changé qui personnellement m'impressionne. Voici encore cinq ans, quasiment 90 % des publications scientifiques sortaient de laboratoires américains ou européens. Aujourd'hui, quand on procède à une recherche bibliographique sur les technologies d'édition de gènes, 70 % des articles proviennent de Chine ou du Japon. Nous-mêmes par exemple, sur notre blé résistant au mildiou, nos recherches ont été réalisées en partenariat avec un laboratoire à Pékin et nous entretenons également une importante collaboration avec l'Académie de recherche d'agriculture de Pékin. L'épicentre se déplace.

Les Chinois ne sont pas en retard, loin de là. Des travaux ont été effectués sur le riz. Le problème est qu'il en existe de nombreuses espèces différentes. Le riz n'est pas un produit aussi uniforme que peuvent l'être le blé ou le maïs, mais l'amélioration là aussi se fera. Créer un riz résistant à la sécheresse en remplaçant ses pores de respiration par ceux de la plante africaine du sorgho sachant supporter la chaleur, voilà l'une des voies à explorer. Il n'est pas envisageable d'avoir un riz qui pousse sans eau, cela n'existe pas, mais on peut le soumettre à des contraintes hydriques beaucoup moins fortes. Cela pourrait effectivement aider l'indépendance alimentaire de certaines régions défavorisées dans le monde. Nous n'avons pas le choix. Si l'on veut que les pays dépendants alimentairement de nous puissent s'affranchir, il faudrait peut-être leur faire produire des végétaux qui leur permettent de pouvoir protéger et consolider leurs cultures. Beaucoup de fondations se sont mobilisées, au premier rang desquelles celle de Melinda et Bill Gates.

Les biocarburants alternatifs (le géant contre les microalgues)

Tout le monde parle des biocarburants. Il y a beaucoup d'agitation autour de cela et c'est en effet un secteur assez intéressant. La première question qui est posée est celle-ci : est-il mieux d'utiliser des hectares de terre pour remplir le réservoir de sa voiture que pour nourrir ses semblables ? Actuellement, la réponse demeure en suspens. La chute du prix du pétrole que nous connaissons depuis quelque temps a rendu moins intéressante cette énergie naturelle, mais nous savons bien que tout est extrêmement mouvant en ce domaine. On a inquiété les gens pendant une époque en annonçant que, vers 2050, nous aboutirions à l'épuisement des énergies fossiles. Que nous avions déjà dépassé le pic de production. Finalement, c'était une blague, juste pour faire monter le prix de ce pétrole. Maintenant, on fait redescendre les cours pour des raisons politiques plus qu'autre chose, notamment pour embêter les Russes, empêcher les Américains de faire fortune avec leur gaz de schiste, pour fatiguer l'Iran ou je ne sais quoi. On les refera monter plus tard. La seule réalité est que ces biocarburants accaparent des terres et qu'ils peuvent par-dessus le marché se révéler aussi polluants que les carburants fossiles. Bref, on semble ne pas savoir où l'on en est vraiment aujourd'hui.

Des progrès peuvent tout de même encore être réalisés concernant cette nouvelle énergie. Aujourd'hui de grosses sociétés pétrolières telles que le français Total sont censées s'intéresser à la question. À la vérité, leur budget biocarburant pèse peu au regard de ceux consacrés à la prospection pétrolière, à la mise en place de leurs plateformes et au raffinage de leur production. Il est significatif d'ailleurs que ce budget soit intégré dans celui de la communication, et non dans celui de la recherche et du développement. Nous avons pu constater en travaillant avec eux que tout ce qui les intéresse, c'est de profiter de cette nouvelle énergie propre pour se refaire une virginité en termes d'environnement, faire oublier comment ils polluent nos plages, tout le reste n'est pour eux qu'accessoire.

Les progrès ne viendront pas des grandes firmes pétrolières traditionnelles. Il faut se tourner plutôt vers des sociétés s'intéressant aux nouvelles énergies, comme Global Bioenergies, qui a déjà des accords avec un constructeur puissant comme Audi pour progresser dans la fabrication de ses biocarburants.

À côté de ce chantier, il s'en crée d'autres, dont on parle moins pour le moment, mais qui bientôt frapperont les esprits. On pourra fabriquer des fibres nouvelles qui vont changer notre quotidien. Un laboratoire français a réussi à transférer le gène qui code la soie chez l'araignée à l'intérieur du ver à soie. Autrement dit, le ver à soie ne va plus tisser pour sa propre production mais pour fabriquer de la soie d'araignée en beaucoup plus grande quantité que celle-ci ne pourrait le faire. C'est comme Spiderman. Avec une toile d'araignée, on ne peut rien faire mais, dès qu'un cocon peut être tissable, on peut fabriquer des Kevlar, des bio-Kevlar absolument fantastiques, d'une énorme résistance. On pourrait par exemple les utiliser pour fabriquer des gilets pare-balles qui ne seraient pas plus lourds qu'une veste.

L'industrie du textile connaît déjà une évolution incroyable avec des textiles intelligents parsemés d'électronique. On devrait pouvoir dans un avenir proche réinventer le textile biologique. Certains bioplastiques ne seront plus fabriqués à partir de matières chimiques mais prioritairement à partir d'huiles végétales, à l'instar de ce qui a été fait avec le soja. Ils auront des propriétés polymérisantes nouvelles un peu particulières, comme l'auto-cicatrisation, ou plus compatibles avec l'environnement. On peut imaginer aussi que l'on va se diriger vers certaines utilisations des fibres de bois, ou tirées de la digestion de la biomasse (les résidus végétaux après une moisson). De même, tous les produits lignocellulosiques, qui sont en fait tous les déchets issus des plantes que l'on jette, pourront être reconvertis et réutilisés soit en nutriments soit en matière première brute pour l'industrie.

De nombreux progrès sont réalisés actuellement, grâce aux biotechnologies, à l'édition de gènes, qui vont sans doute tout au long de ce siècle, progressivement, concerner tous les matériaux servant à nous habiller, les revêtements des parois de murs, les fibres de construction, les carrosseries de voitures, les laques et les peintures.

La chimie a connu un essor absolument considérable au cours du XXe siècle jusqu'à atteindre, parvenue pratiquement à un plateau en terme de combinaison chimique possible, un seuil de saturation, même si l'innovation en chimie reste forte. On bannit les sacs plastiques, tout ce qui n'est pas biodégradable est mis de côté. Nous sommes arrivés à la fin d'un cycle. Déjà, on découvre des tissus fabriqués avec de la fibre de bambou, d'avoine, comme par le passé le coton, le lin ou le chanvre. Avec l'introduction de l'édition de gène et les biotechnologies, est en train de s'opérer un doux remplacement de toute la complexité qu'a introduite la chimie dans la progression de l'humain au siècle dernier vers le biologique. Les combinaisons sont infinies, les perspectives immenses.

Ce que nous constatons ici se vérifie aussi dans le domaine de l'industrie pharmaceutique. Tous les médicaments que nous avons connus au siècle dernier étaient des médicaments issus de la chimie. C'est seulement à compter des années 1980 que sont apparues les premières thérapies à base de produits biologiques. Au départ, c'était anecdotique mais, rapidement, dix ans plus tard, le biologique a commencé à supplanter le chimique. Aujourd'hui, l'essentiel des nouveaux traitements anticancéreux, ceux qui sont les plus efficaces, proviennent principalement des biotechnologies, plus de la chimie. La part de la chimie ne cesse de diminuer.

C'est difficile de communiquer sur tous ces sujets. La technologie paraît toujours très compliquée pour tous ceux qui se tiennent éloignés du monde de la science. Et nous, nous ne pouvons pas nous en sortir par quelques minutes d'explications sur un plateau de télévision, pour peu que l'on nous les accorde. Les gens n'ont pas envie de savoir. En revanche, comme nous l'avons vécu avec la guérison de la petite Layla, si on raconte l'histoire d'un individu qui a un cancer très grave, condamné dans quelques semaines, et qu'on le remet sur pied en quelques jours grâce à un produit de haute technologie qui aura erradiqué toutes ses cellules cancéreuses, on va crier au miracle, mais personne ne cherchera à savoir ce qu'il s'est passé derrière, et c'est bien dommage.

Le poids des chiffres

Dans ce secteur industriel des biotechnologies, circule énormément d'argent, mais l'innovation reste difficile et a très peu de chances d'aboutir. En gros, quand on veut développer un médicament, si on prend trois mille molécules de départ pour commencer une recherche en laboratoire devant prouver laquelle est la plus efficace, on va aboutir, après une phase de recherche pour trier le bon grain de l'ivraie, à 300 molécules considérées comme étant intéressantes. Sur ces 300 molécules sur lesquelles on continue à travailler, on n'en retiendra peut-être qu'une centaine susceptibles d'être testées d'abord sur des animaux, puis on n'en gardera qu'un tiers, qui seront testées sur des patients. On démarre 30 essais cliniques, et, cinq à sept ans plus tard, 3 de ces molécules obtiendront une autorisation de mise sur le marché, les 27 autres se seront révélées inefficaces ou avec un rapport bénéfice-risque trop dangereux. De ces 3 molécules qui seront mises sur le marché, peut-être qu'une seule rencontrera un succès commercial. Il n'arrive qu'une fois sur dix que le succès annoncé soit énorme. Tout est laborieux. Tout est très cher.

Le coût pour mettre une molécule sur le marché dans l'industrie pharmaceutique est de 1,2 milliard de dollars. Par exemple, Sovaldi, un produit contre l'hépatite C, est vendu par la société Gilead à 48 000 euros par an le traitement. Ce prix très élevé a bien sûr suscité de nombreuses critiques. On oubliait l'investissement considérable qu'avait représenté la mise au point de ce médicament. Le chiffre d'affaires de Sovaldi, rien que pour l'hépatite C, est de 12 milliards de dollars par an, ce qui signifie que Gilead gagne quand même de l'argent. Mais il faut avoir les reins solides. Sovaldi a sans doute dépensé plus d'un milliard et demi de dollars pour atteindre son but. Fort heureusement, ce médicament donne d'excellents résultats. Avant son arrivée, c'était dramatique, traiter les gens à l'Interféron les rendait très malades. Il y a vingt ans, personne ne connaissait Gilead, tout simplement parce que la société n'existait pas encore. Aujourd'hui, c'est la neuvième société pharmaceutique au monde en capitalisation boursière.

Les chiffres sont également importants concernant l'EPO. Ce médicament a été mis au point par une société du nom d'Amgen. L'essentiel de son chiffre d'affaires, contrairement à ce qu'on pourrait croire, n'est pas dans le sport. L'EPO n'est pas réservé aux coureurs cyclistes qui voudraient avoir la pédale légère, il aide tous les patients qui subissent des chirurgies lourdes et des traitements anticancéreux sévères. Le chiffre annuel de l'ensemble du marché de l'EPO est de 15 milliards de dollars par an.

Chaque année, les budgets de recherche et développement de l'industrie pharmaceutique augmentent tandis qu'on ne trouve pas plus de molécules. Concernant par exemple l'AML, la leucémie myéloïde aiguë, le dernier médicament approuvé par des autorités de santé date de sept ans, rien n'a été approuvé depuis. C'est un traitement qui n'apporte pas grand-chose de significativement nouveau par rapport au traitement utilisé de façon standard, la cytarabine, mis sur le marché voici trente ans. Rien n'a été inventé d'exceptionnel depuis. Cela reste un métier très difficile.

Sur le sida, on a avancé depuis les années 1980. Des sociétés telles que Sangamo sont très en pointe. L'approche qui tend à proposer la fermeture de la porte d'infection en supprimant le gène CCR5 par édition de gène peut être un progrès formidable dans ce domaine.

Les Américains financent, malgré leur système défaillant, l'ensemble de la recherche pharmaceutique mondiale. On peut dire tout ce que l'on veut sur leurs façons de faire, il y a une chose que l'on ne peut pas dire actuellement, qui n'est pas acceptable, c'est que ce sont des imbéciles dans le domaine de la santé. Sans doute leur système de santé n'est-il pas égalitaire ou généreux avec les plus démunis, cependant, aujourd'hui, tous les progrès de notre science sont payés essentiellement par le système américain. On leur doit ça.

Ces Américains sont extrêmement généreux sur les prix et la rentabilité de l'industrie pharmaceutique, ce qui permet à celle-ci de pouvoir consacrer à la recherche des milliards de dollars. Le budget de recherche de Pfizer est un budget d'État de 7 milliards par an, il est de 4,5 milliards pour Sanofi, dont 2,5 dépensés hors de France. Ce n'est pas la France qui consentirait à dégager ces 4,5 milliards pour financer la recherche. Quand bien même on y parviendrait, cette somme serait dilapidée par l'inefficacité du système français qui n'arrive pas à se séparer de structures totalement inefficaces. Le CNRS dépense plus des trois quarts de son budget dans les salaires : dès le mois de mars, la plupart des laboratoires n'ont plus un sou et les patrons d'unités doivent se lancer à la recherche de financements au lieu de consacrer leur intelligence aux recherches qu'ils sont censés mener. Toutes les sociétés les plus rentables, comme Roche, Novartis, Pfizer, BMS, Merck, font 85 % de leur chiffre d'affaires aux États-Unis avec une rentabilité considérable. Si nous nous en remettions aux systèmes soi-disant égalitaires à l'européenne, toute l'industrie pharmaceutique en pâtirait et avec elle l'innovation et la santé dans le monde.

En septembre 2015, la candidate Hillary Clinton, d'un seul tweet, a réussi à faire s'effondrer le marché pharmaceutique en disant que les médicaments étaient trop chers. Elle réagissait à l'augmentation totalement déraisonnée du prix d'un médicament, le Daraprim, décrétée par un ancien gestionnaire de fonds d'investissement, Martin Shkreli. De 13,50 dollars la dose, il l'a fait passer à 750 dollars en affirmant que, même à ce prix-là, « c'était une affaire ». Hillary Clinton a réagi, en disant que c'était n'importe quoi, qu'il faudrait revoir le système de remboursement des médicaments aux États-Unis. Sa petite phrase a provoqué un effondrement boursier dont les effets se font encore ressentir.

Cet épisode montre bien que tout le monde craint que le système américain ne change. Il repose sur un système d'assurances privées mais aussi sur des systèmes d'assurances publiques, Medicare. Dans ce pays, même un médicament qui coûte un million de dollars pour soigner un cancer trouvera un remboursement si le produit est efficace. Inutile de se poser la question chez nous, en Europe, ce sera parfaitement impossible.

6

Le grand saut

Le bronze moyen

Nous sommes sans doute à la fin de la préhistoire de l'édition du génome. L'histoire de la biotechnologie est en train de changer complètement. Nous entrons dans une nouvelle ère qui va bouleverser nos vies. La biotechnologie est vieille comme l'homme, comme la civilisation. C'est l'utilisation du vivant pour produire, transformer des choses. Le vin, c'est de la biotechnologie parce qu'on va utiliser de la levure pour convertir du sucre en alcool. Cailler du lait pour faire du fromage, c'est de la biotechnologie. La fermentation déclenchée pour faire de la bière, idem. Tout ce qui utilise des bactéries ou des levures pour diverses formes de transformations constitue des actes biotechnologiques.

Ce qui caractérise la biotechnologie moderne, c'est cette capacité nouvelle de l'homme à pouvoir faire de la « génétique inverse ». Avec la génétique classique, façon frère Mendel, on croisait des petits pois fripés avec des petits pois lisses et on ségréguait les caractères génétiques qui nous intéressaient. On essayait de croiser des vaches laitières avec des vaches qui ont de petites cornes pour essayer de sortir une nouvelle race. On essayait de sélectionner des ceps de vigne pour pouvoir isoler une caractéristique génétique particulière, donnant par exemple un raisin blanc, plus sucré, sans pépin. Pour y parvenir, cela prenait un temps considérable, parfois pour aucun résultat. Il aura fallu des décennies voire des siècles pour obtenir cette diversité qu'offrent tous les vignobles que nous pouvons recenser aujourd'hui de par le monde. Mais quand, vers la fin du XIXe siècle, les vignes françaises ont été décimées par le redoutable phylloxéra, il a fallu recourir à des porte-greffes de cépages américains qui, eux, possédaient naturellement cette résistance.

La génétique inverse, qui est en fait la biotechnologie telle qu'on entend la définir aujourd'hui, consiste à isoler un gène dont on connaît déjà la fonction. Par exemple, pour rester dans la vigne, le gène qui donne aux cépages américains le trait de résistance au phylloxéra : on pourrait aujourd'hui l'isoler, comparer ses caractéristiques avec les gènes des ceps de vignes français, issus de sélections séculaires, et voir ce qui les différencie. Une fois cette caractéristique génétique du cep américain identifiée, pour l'introduire dans la vigne française, on a deux options.

La première est de recourir aux croisements génétiques classiques, par exemple entre le pinot noir de Bourgogne et le cep de vigne américain. Au premier croisement, l'ensemble des caractéristiques du pinot noir serait perdu et la descendance ne serait plus du tout du pinot noir. Il faudrait tout recommencer de zéro, repartir aux origines. On ne peut pas procéder de cette façon. Au demeurant, les vignerons qui ont eu à subir cette crise du phylloxéra se sont bien gardés de choisir cette solution. Ils ont appelé au secours leurs amis américains. Mais qui dit que le vin sans porte-greffes, celui d'avant la crise, avait le même goût que le vin d'aujourd'hui ?

La deuxième option, c'est l'édition du génome des ceps de vigne français afin de lui incorporer la caractéristique naturelle du cep américain conférant cette résistance au phylloxéra. Cela n'a rien de surnaturel, c'est une chose qui peut être faite par croisement, mais qui prendrait sans doute à l'homme des dizaines sinon des centaines d'années de sélection mendélienne basée sur la ségrégation des gènes. L'édition de gène permet de conserver le pinot noir « dans son jus », plus une caractéristique nouvelle existant dans la nature.

Bien entendu, au début, les méthodes employées de la transgénèse étaient un peu « sauvages », peu compliquées certes, mais peu efficaces. Depuis le début du XXIe siècle, on peut effectuer des modifications extrêmement précises et avec une grande efficacité. On maîtrise enfin la réécriture de l'ADN de A à U, mais il reste quand même, V, W, X Y et Z. On est en train, doucement, d'entrer dans cette biotechnologie moderne qui à coup sûr va s'accélérer. On vient tout juste d'entrouvrir la porte, on jette un petit coup d'œil à l'intérieur, on ne se rend pas encore bien compte de tout ce qui est en train de se passer. Nous entrons dans cette nouvelle dimension qui se présente à nous.

Devant l'ouverture de ces nouveaux grands espaces, s'étonnera-t-on que les États-Unis fassent de nouveau la preuve de leur esprit conquérant ? On y trouve des gens qui n'ont jamais froid aux yeux, qui savent prendre des risques. Dans le domaine des biotechnologies, les troupes sont constituées et l'intendance suit. Des analystes financiers, des banques d'investissement, des fonds d'investissement, tout un « écosystème » économique, la chaîne est constituée, elle est bien réelle, elle est solide, elle est très richement dotée, non seulement en finances mais aussi en effectifs. Parce que, finalement, l'argent ne fait rien par lui-même. Il n'a de valeur que parce qu'il y a des gens qui savent, qui travaillent et qui réussissent. En France, on gagne sa vie, on épargne, on augmente son pouvoir d'achat, on place son argent, mais il n'y a pas de termes pour dire que l'on met son argent au travail. *Put your money at work*, on fait bosser l'argent, on ne bosse pas pour lui. C'est un état d'esprit.

Je me souviens, quand elle a commencé à faire parler d'elle en 1998, je ne voyais pas trop comment une société comme Google allait gagner de l'argent. Ce qu'elle faisait me paraissait génial pour l'utilisateur mais complètement absurde, de mon point de vue, sur le plan commercial et financier. Je n'arrivais pas à comprendre comment un moteur de recherche qui, certes, pouvait rendre bien des services aux gens, pourrait rapporter de l'argent. Puis, ils se sont mis à photographier l'ensemble de la surface du globe terrestre. Ils sont partis aussi prendre des photos de toutes les rues du monde et ont fait des cartes, alors que les bonnes cartes, c'était Michelin qui les éditait. Je les comprenais encore moins. Et, au bout du compte, on a fini par se réveiller avec un sacré mal de crâne. Google est partout, il n'y a plus qu'à dresser le constat de leur fabuleuse aventure.

Google aujourd'hui domine. Comment en est-on arrivé là ? On se dit qu'il faut se contenter d'être un utilisateur heureux de tous ces services qui sont proposés par ces grosses sociétés de la net-économie, Google, Apple, Facebook, Amazon et compagnie. Quel est leur secret ? Y a-t-il un secret ? La réalité est qu'ils ont su lever la tête et voir beaucoup, beaucoup plus loin. Ils ont su imaginer ce que pouvait être le monde du futur et l'ont forgé selon leur imagination. Ils ont su aussi prendre des risques, s'adapter et se donner les moyens financiers d'approcher leurs rêves. Ils ont été les plus forts. *Sky is the limit.*

La vague américaine

Ce qui se passe dans le domaine de l'édition du génome me paraît comparable. Les Américains s'y sont intéressés et ils y mettent les moyens. Je suis décontenancé de voir comment les Européens, en particulier les Français, s'assoient au bord de la route pour s'émerveiller de ce qui va se passer sans chercher à être partie prenante de cette nouvelle grande aventure. Ils hésitent encore à s'en donner vraiment les moyens.

Le grand mathématicien américain George Mackey disait : « Si tu ne sais pas prévoir le futur, la meilleure façon c'est de l'inventer. » Chez Cellectis, comprenant que c'est aux États-Unis que s'invente cet avenir, nous avons décidé de partir chercher l'argent là-bas. En mars 2014, nous avons réussi à lever en Europe 22 millions d'euros avec des fonds américains. Pas un seul fonds français n'a voulu investir. Les Américains m'ont dit : « Voilà, ta société nous intéresse, si vraiment tu veux continuer sur cette lancée, ce serait bien que tu puisses avoir une activité financière aux États-Unis. » Traduction : il fallait coter la société aux États-Unis, l'introduire en Bourse.

Dès mars 2015, on a commencé par installer un siège à New York. On a fait coter la société au NASDAQ. On a pu passer d'une levée de fonds de 22 millions d'euros à une levée de 228 millions de dollars. Ainsi, automatiquement, on multipliait déjà par 10 la quantité d'argent que l'on pouvait lever, ce qui était l'une des plus grosses opérations réalisées en France cette année-là dans notre secteur. Nous avons suivi d'autres sociétés qui avaient aussi fait ce grand saut, comme DBV ou Criteo. Évidemment, cela s'est fait après l'adhésion d'un certain nombre de fonds américains qui croyaient en ces sociétés.

En février 2014, Cellectis a signé un contrat avec une première société pharmaceutique française, Servier, une société dont l'intérêt dans l'innovation reste très fort. Ils ont su établir ces cinq dernières années toute une série d'alliances avec des sociétés très innovantes, telle Microgenics, qui fabrique des anticorps bispécifiques. Ils ont passé très rapidement un accord avec nous, ce qui a énormément intéressé de nombreuses de sociétés américaines, dont Pfizer, qui nous a contactés. Pfizer a très rapidement été emballé par nos travaux, par l'édition de gène et par l'approche CAR-T. Ils nous ont consenti une mise de départ relativement importante de 80 millions de dollars, une prise de participation de 10 % du capital de Cellectis, le tout assorti de la mise en place d'une alliance extrêmement puissante. Ce qui les intéresse, c'est notre capacité d'innovation, ils veulent la sauvegarder et pouvoir en bénéficier.

On peut continuer à être innovant à partir du moment où la société garde une certaine indépendance. Cellectis l'a préservée grâce à cette alliance avec Pfizer. Elle nous a été également utile pour provoquer une prise de conscience du marché américain sur la valeur que l'on pouvait apporter. Tout le monde a commencé à se poser des questions sur l'édition du génome et ses implications dans toute l'industrie pharmaceutique.

En février 2014, nous étions la seule société qui faisait de l'édition de génome en cellules CAR-T. On signe avec Servier : première prise de conscience. En juin 2014, on signe avec Pfizer : deuxième prise de conscience. Et là nous en étions, toujours avec Pfizer et Servier, à faire de l'édition de génome en CAR-T. S'est enclenché alors un véritable effet de dominos. Surgit une autre société de biotechnologie américaine, Bluebird Bio, qui produisait aussi des CAR-T et qui travaillait avec une autre société pharmaceutique du nom de Celgene. Du coup, ils s'intéressent aussi à l'édition de génome. Ils rachètent alors une société qui fait de l'édition de génome avec laquelle nous collaborions, PreGenEn (ou Precision Genome Engineering). Novartis, qui travaille aussi dans les cellules CAR-T, se dit, dès août 2014 : « Nous aussi on va faire de l'édition de génome ». Ils signent un accord avec la société Intellia. Puis soudainement, Johnson & Johnson, autre société pharmaceutique américaine, se dit : « Nous aussi on veut faire des CAR-T et de l'édition de génome. » Ils signent en novembre 2014 un accord avec la société Poseida pour faire de l'édition de génome dans les CAR-T. En décembre 2014, une autre société, Intrexon, avec sa filiale Ziopharm, se lance également dans l'édition de génome avec les CAR-T. En avril 2015,

Juno prend le même chemin et signe un accord avec Editas. Le mois suivant, c'est Kite qui décide à son tour de passer un accord avec Bluebird Bio. Depuis, Baxalta s'est associé avec Precision BioSciences, toujours sur le même sujet : CAR-T et édition de gène. Les dominos tombent les uns après les autres.

Une telle bousculade prouve bien qu'une dynamique est lancée. De plus en plus de gens se disent qu'il ne faut pas rater la marche. Le monde de l'investissement aux États-Unis met de plus en plus d'argent. Le chantre du CRISPR, Editas, en pleine crise boursière alors qu'aucune levée de fonds ne semblait possible, est entré en cotation au NASDAQ au mois de janvier 2016. Leur action a pris près de 100 % quelques mois seulement après la cotation. Une autre société, CRISPR Therapeutics, signe des accords avec de nombreuses sociétés pharmaceutiques. La vague grossit. Et pour finir, au mois d'avril 2016, Intellia réussit sa cotation au NASDAQ, démontrant que l'édition de gène garde une forte cote dopée au CRISPR. Le temps n'est plus à se demander si ce mouvement n'est qu'une mode passagère. Chacun mesure le changement fondamental qui s'opère. Les gens comprennent que, dans cent ans, cette nouvelle aventure sera loin d'être terminée. Les idées fusent de toutes parts.

Une société chinoise basée à Shenzen, du nom de BGI, a fabriqué le premier micro-cochon, qu'elle a maintenant l'intention de commercialiser comme animal de compagnie, comme des hamsters. L'animal a subi une modification génétique avec un TALEN. Du coup, tout le monde, là-bas, veut le sien et les commandes affluent. On va trouver aussi des chats hypoallergéniques, des poissons fluorescents. On va voir apparaître toutes sortes d'animaux ludiques. Soudainement, le fait que l'on puisse créer des choses qui peuvent intéresser des gens, à l'instar de ce qu'a fait un Google dans le domaine de l'Internet, ouvre des horizons tellement vastes qu'il n'est pas possible, à ce jour, d'appréhender vraiment ce que deviendront les sciences de la vie.

Une liberté nouvelle

À la fin de l'année 2015, s'est tenue une réunion à Washington essentiellement consacrée à CRISPR. La facilité d'accès de cette technologie fait penser qu'il serait éventuellement possible de faire des expériences « de garage », en référence à Bill Hewlett et Dave Packard qui, en 1939, à Palo Alto, fondent HP dans leur garage avec 538 dollars pour tout investissement. En France également, un début de réflexion touche le Parlement. Concernant l'impact de l'édition de gène dans le monde, les politiques craignent de ne pas pouvoir maîtriser, contrôler, endiguer, encadrer et, bien entendu, légiférer. Ils voudraient nous contrôler comme ils ont toujours voulu contrôler le réseau Internet. Sans trop de succès lorsqu'on voit par exemple quel rude combat Apple a mené contre le FBI pour ne pas lui livrer ses codes. Celui-ci a fini par se résoudre à payer des hackers pour craquer ce code. Mais quel aveu d'impuissance !

Ces grandes puissances de l'Internet s'affranchissent des États, mais veulent-elles pour autant contrôler le monde ? Sachant que les États et en premier lieu les États-Unis cherchent à contrôler le monde eux-mêmes, prendre des libertés par rapport à eux ne me choque guère, bien au contraire. Je défends aussi l'idée d'une indépendance et d'une liberté nouvelles, la rupture par rapport à ces modes anciens qui nous ont imposé leurs frontières ou leur monnaie. Nous en avons encore l'exemple avec le *bitcoin*, cette nouvelle forme de paiement qui se met en place sur Internet. Les États font tout pour essayer de l'empêcher, sinon la contrôler.

Dans le domaine des sciences de la vie, nous sommes donc aussi à la merci des mêmes menaces. Mais à vouloir trop réguler, ainsi qu'on le constate en Europe et en premier lieu en France, on risque aussi d'atteindre une certaine forme dommageable de stérilisation de l'intelligence humaine. Ne voit-on pas déjà se précipiter des chercheurs, en particulier les nouveaux venus de l'édition du génome, essayant toujours de se faire remarquer à grands renforts d'opérations de communication parfaitement calculées et sponsorisées, se ruant à Washington pour implorer que l'on régule, que l'on referme cette boîte de Pandore qu'ils pensent avoir eux-mêmes ouverte ? Tout ceci me paraît bien excessif, pour ne pas dire suspect. Personnellement, je pense que la science doit avancer sereinement.

On est en train d'entrer dans un nouveau monde, qu'on ne connaît pas, on ne sait pas ce que l'on va y trouver. Ce que l'on va y trouver, c'est nous-mêmes qui allons le créer. Alors commencer déjà à fixer des règles avant même de connaître ce qu'il en est, est quelque chose qui me paraît complètement inconcevable. Laissons avancer les choses, doucement, voyons s'il y aura effectivement des débordements et, s'ils doivent se produire, quelles solutions nous pourrons tous ensemble apporter.

Nous n'en sommes pas encore aujourd'hui au stade d'une économie de l'ingénierie des génomes. Ça n'existe pas encore, mais ça va exister. Les désillusions viendront probablement dans les prochaines années parce que beaucoup d'avancées qui ont été promises, annoncées, ne vont pas se produire immédiatement. Des patients nous écoutent, ils doivent savoir. Guérir la mucoviscidose, la myopathie de Duchenne, l'hépatite B, de grandes promesses ont été faites. C'est un progrès lent, plus lent qu'Internet. Mais c'est en train d'arriver, il faut être patient.

Il est à ce propos intéressant de se souvenir de la période de lancement d'Amazon. Ils vendaient des livres sur Internet, ils perdaient énormément d'argent. À la fin des années 1990, ils en étaient à près de 350 millions de dollars de perte par an. Les fonds américains continuaient cependant d'investir dans Amazon. Son fondateur, Jeff Bezos, était l'homme de l'année du *Time Magazine.* En France, on ne comprenait pas qu'ils investissent à perte. Maintenant, regardons ce qu'il est advenu d'Amazon. C'est une société mondiale, extrêmement profitable, qui développe des tas de business. Ils s'engagent même dans le stockage de données, en cloud. Rien que dans ce domaine, ils sont passés d'un marché de 0 à un marché de 10 milliards en deux ans.

Leur avantage est de pouvoir occuper le terrain américain autour duquel, presque par habitude, les investisseurs n'hésitent pas à financer des innovations totalement disruptives, à fouler les chemins d'un monde nouveau. Le directeur scientifique de Calyxt, Dan Voytas, a été invité un jour par Bill Gates pour lui expliquer exactement ce qu'apportait l'édition de génome dans le domaine de l'agriculture. Sa fondation cherchait les moyens de donner aux pays en voie de développement leur indépendance alimentaire. Il a investi dans Intellia, spécialisée dans l'édition de gène. Google investit maintenant aussi dans la santé. On voit apparaître toute une série de leaders d'opinion américains, en particulier du secteur de l'Internet, qui ont compris qu'il se passait là quelque chose d'important. Le monde numérique rejoint le monde de la biotechnologie.

L'Europe à la traîne, appels d'urgence

L'Europe se contente de laisser passer le train. Hormis les crises politiques et les grèves, on a l'impression qu'il ne se passe rien aujourd'hui sur le vieux continent. Donc l'Europe n'a pas la capacité de pouvoir anticiper des projets complètement délirants, d'inventer le futur. En Chine, dans leurs laboratoires académiques, les chercheurs se sont jetés à corps perdu sur ce type de technologie. Ils produisent des résultats à profusion. Le gouvernement chinois commence à s'intéresser à l'impact que cette technologie pourrait avoir sur le déploiement stratégique de son pays dans le monde.

La première impulsion a été donnée par les fonds d'investissements américains. Actuellement, les deux principaux actionnaires de Cellectis, qui ont investi chez nous aux États-Unis, sont deux fonds d'investissements américains : Fidelity, pesant 2 000 milliards de dollars d'actifs sous gestion, et BlackRock, à la tête de 4 800 milliards de dollars d'actifs sous gestion, soit deux fois le PIB de la France.

Lorsque le patron de BlackRock est venu en France, il a été reçu discrètement par le président de la République à l'Élysée. Il a été traité comme un chef d'État, à cette différence que sa venue n'a pas fait les titres dans les journaux. C'est la discrétion de l'argent dans un pays endetté jusqu'au cou.

Ce n'est pourtant pas aux gouvernements de se remuer pour être présents. C'est aux sociétés et aux investisseurs de le faire, les initiatives doivent être privées. Les gouvernements sont capables de le faire, à l'instar de notre fonds souverain, la BPI. Mais, *in fine*, ce genre de chose peut être relayé au centuple par des fonds privés. Raison de plus pour qu'ils résistent à leur envie endémique de vouloir absolument tout réguler.

Ce que nous avons vécu récemment est à cet égard assez intéressant. Nous avons soumis notre première pomme de terre résistante au froid au département d'État à l'Agriculture des États-Unis, l'USDA, qui donne les autorisations de rentrer en champs pour les OGM. On leur a dit : « Voilà, est-ce que cette nouvelle pomme de terre doit être régulée ou non ? Régulée comme un OGM ou non régulée comme une plante normale ? » Leur réponse : « Non régulée, vous n'entrez pas dans les critères réglementaires US de la définition d'OGM. » Très bien. On était très contents. Puis on y est retourné avec notre soja à forte teneur en acide oléique, même question : régulé ou non régulé ? Là, les spécialistes du département ont réfléchi un peu plus. Ils se sont dit : « C'est la deuxième fois que ces personnes viennent nous voir, il y a peut-être une entourloupe. » Ils ont procédé à une vraie réflexion de fond. Après de longues discussions avec nous, ils ont décidé de ne pas réguler.

Par la suite, on a obtenu encore la dérégulation pour un deuxième soja et pour un autre de nos blés. L'interaction et les discussions constructives avec l'USDA ont permis de montrer que, finalement, il existait un chemin.

Il n'est pas interdit d'imaginer que la même réflexion qui a pu être organisée au niveau de l'État américain puisse être aussi organisée au niveau de l'Europe. Ils se sont peut-être posé la question : « Va-t-on faire les mêmes bêtises que par le passé ? Ce type de technologie démocratise de façon assez sérieuse la capacité de pouvoir créer des espèces nouvelles. Si on la repousse, on s'attache les pieds et du coup, comme les Européens avec les OGM, on ne pourra plus avancer. » Aux États-Unis, les régulateurs semblent avoir finalement choisi de décider au cas par cas. Rendre les choses plus simples pour stimuler la créativité et la compétitivité, mais garder quand même un œil sur le chantier afin qu'on n'y fasse pas n'importe quoi.

S'ils décident de ne pas réguler ce type de produit actuellement, cela leur donne un sérieux avantage compétitif. Ils peuvent aller très vite. Notre exemple encore : on vient de planter 30 tonnes de soja, le lancement commercial se fera aux États-Unis en 2018. Si on nous avait mis des bâtons dans les roues, l'opération aurait pu être repoussée à 2025, à condition que l'on puisse financièrement supporter une telle attente. Le fait qu'ils aient décidé de façon très volontaire de ne pas réguler facilite grandement l'innovation aux États-Unis. Ils sont dans les mêmes dispositions en Argentine et en Asie du Sud-Est. On voit que l'ensemble des régulateurs dans le monde prennent maintenant concience de l'importance socio-économique de ce que nous leur proposons. Malheureusement, au niveau de l'Europe, on n'a pas encore eu le temps d'arrêter une décision. Elle devait être rendue en octobre 2015, puis en novembre, puis en décembre de la même année ; puis en janvier 2016, février, mars, avril, mai : on ne sait toujours pas. Toujours rien. Les activistes sont là, les débats font du sur place, nous n'avons aucune idée de ce qu'il va en sortir.

Si on interdit les organismes issus d'édition de gène en Europe, comme cela a été fait avec les OGM, ce continent va se retrouver à la traîne de la technologie dans le domaine des sciences de la vie dans le monde. Déjà le marché du médicament est essentiellement américain. L'innovation se passe surtout aux États-Unis. Il y a encore un demi-siècle, la recherche française dominait ces sujets, ses idées étaient les plus fortes, mais, sans courage, sans argent, sans volonté, sans investisseurs, dans l'incapacité d'appréhender le futur, elle a été dépossédée, pour ne pas dire pillée.

Le chercheur qui cherche

En France, nous vivons toujours avec nos quatre modèles de réussite : le TGV, la fusée Ariane, Airbus et l'énergie nucléaire. Des réussites, en effet, absolument magnifiques. Mais tout semble se passer comme si on ne savait plus rien faire d'autre. Ces succès furent bâtis dans les années 1960-1970, durant lesquelles s'exprimaient vraiment des volontés, avec beaucoup d'argent injecté, parfois d'ailleurs à perte. La planification n'a pas toujours marché. On n'a pas su prendre notamment le tournant de l'informatique. Bull a été une catastrophe absolue parce que ce groupe dépendait trop de l'État, dépassé par la rapidité des changements. Le minitel est passé à côté de son histoire. Il avait pourtant une vraie avance sur tout ce qui pouvait se préparer avec Internet. Les Français n'ont pas su apporter le minitel au monde, ils sont restés bloqués dans leur hexagone. Le GPS était une invention américaine. On s'est réveillé trop tard en tentant de la contrer avec Galileo, en vain. Le temps s'est-il arrêté en Europe dans les années 1970 ?

Les biotechnologies sont au tout début de leur phase de démarrage. Ce sont des bourgeons qui pointent sur les branches des arbres. Arrivés au seuil de ce nouveau monde plein d'inconnues et de mystères, nous tentons d'avancer pas à pas pour pouvoir nous mêler à cette course effrénée qui démarre. Est-ce qu'on a envie d'inventer ce futur-là ? Tous ceux qui sont autour de moi sont animés par cette folle envie. L'Europe, la France peuvent encore réagir. Il n'est pas trop tard, même si l'on voit cette force de frappe s'amenuiser au jour le jour.

Ce n'est pas trop tard, c'est en train de se passer maintenant, mais la puissance de cette force de frappe en communication financière, boursière, étatique, se déploie aux États-Unis. De cette chrysalide qui se forme va sortir un papillon de progrès avec ses grandes ailes aux couleurs insensées qui éblouiront le monde. Si on refait l'histoire de l'édition de gène, on se souviendra que c'est une invention au départ européenne, faite à l'Institut Pasteur, comme les premiers outils, les méganucléases, ou les technologies, la recombinaison homologue. De même, le code TAL a été craqué par deux Allemands et la technologie d'édition de gène, CRISPR, a été découverte à l'université de Vilnius en

Lituanie. Cette technologie a été rachetée par le Danois Danisco, avant d'être cédée à l'Américain DuPont de Nemours. Il n'en reste pas moins qu'à l'exception de Cellectis, toutes les sociétés qui ont été montées dans ce domaine-là l'ont été aux États-Unis. À partir du moment où l'édition de gène s'est démocratisée pour devenir une réalité économique, immédiatement on a vu toutes les universités américaines se précipiter et tenter de tirer la couverture à elles. Les Américains ont tiré les leçons de l'histoire. « Une contre-vérité dite suffisamment de fois suffisamment fort devient une vérité. »

L'Europe paraît complètement démunie devant un tel appel d'air. Et cela ne fait que commencer. Les investissements se multiplient avec une force et une rapidité que l'on ne soupçonne pas. En matière de formation, des cours en faculté se mettent aussi en place. Dan Voytas, en grand maître de l'édition de gène, est invité chaque semaine, dans le monde entier, pour donner des conférences universitaires. En Chine, au Japon, en Allemagne, en Angleterre, quasiment partout, jamais en France… !

Beaucoup auront du mal à comprendre ce qu'il se passe, comme déjà nous ne comprenions rien de ce qui se tramait avec Google. La conquête de l'Ouest est devenue une évidence pour moi. Nous sommes partis aux États-Unis. Notre société se développe là-bas. Nous lançons des sites de fabrication. Nous nous sommes alliés avec l'une des entreprises pharmaceutiques les plus puissantes au monde, Pfizer. On ne cesse de me poser la question : « Qu'est-ce ce qui vous retient aujourd'hui en France, à Paris ? » Ma réponse est simple, toujours la même : « Ce sont les gens ! » Nous y avons une très belle équipe qui est fondatrice de Cellectis. Nous bossons ensemble depuis quinze ans, elle a tout trouvé, tout fait pour que ça marche, elle a enduré le pire et célébré les meilleurs moments, voire plus pour certains, qui ont des vies, des familles en France.

J'aime la France, c'est le pays qui m'a ouvert les bras quand j'étais un réfugié de guerre libanais, comme les Syriens d'aujourd'hui. Je suis un immigré de première génération. Ce n'est pas parce que je la critique que je ne l'aime pas, bien au contraire. Jamais je ne me lasse de traverser plusieurs fois par mois l'Atlantique pour la retrouver et apporter, si possible, ma pierre à son essor. Finalement New York n'est que la proche banlieue de Paris de nos jours. On quitte Paris à 10 h du matin, on arrive à 12 h aux horloges du MetLife Tower. Sept heures de trajet, un vol toutes les demi-heures, c'est comme si on prenait le bus. On part le soir de New York, et on arrive le matin à Paris, après avoir dormi. Tous ces investissements, non seulement personnels mais aussi financiers, j'ai ainsi accepté de les faire aussi aux États-Unis pour ne pas me retrouver hors course. Les Français malheureusement persistent à ne s'intéresser qu'à la rentabilité. Les Américains se passionnent pour la technologie. C'est cette passion-là qui me possède.

L'une des conséquences de ce choix, c'est que la presse française s'intéresse peu à nous, qu'elle nous boude. Beaucoup d'articles nous sont consacrés aux États-Unis, dans le *Wall Street Journal*, le *New York Times*, bien d'autres journaux qui comptent aussi. Nous sommes invités régulièrement à des shows télévisés sur CNBC, alors qu'en France j'ai parfois le sentiment que nous sommes pris pour des fous, des gens ennuyeux, des chercheurs qui cherchent. Aux États-Unis, nous n'éprouvons aucune difficulté à convaincre et passionner.

La petite leçon de Boston

Il n'y a pas si longtemps, je me suis retrouvé à Boston en train d'expliquer ce qu'on allait faire dans le secteur des plantes avec Calyxt, notre filiale plantes. Devant nous se trouvaient des représentants de quelques-uns des plus grands fonds américains, des fonds à plusieurs centaines de milliards de dollars qui ont écrit les plus grandes pages de la conquête industrielle de ce pays. Je ne dirai pas leurs noms.

J'étais assis avec Dan Voytas et d'autres personnes dans la salle. Parmi elles, un homme qui gère 350 milliards de dollars, un autre qui gère 150 milliards, un autre 200 milliards. Il y avait aussi un analyste financier connu. Devant eux, nous commençons à raconter ce que l'on fait dans les plantes, le soja, la pomme de terre, etc. On se targue d'avoir l'approbation de l'USDA. Et puis moi, je pars dans des propos complètement futuristes, un peu fous, et, je l'avoue, « un poil » mégalos.

Je leur dis : « Voilà, dans le secteur de l'agro, il y a les sept plus grandes sociétés semencières qui sont Monsanto, Syngenta, Pioneer, Dow, ChemChina, Bayer et BASF. Il y a trente ans, elles étaient là. Il y a cinquante ans, elles étaient là. Il y a cent ans, elles étaient là. Ces sociétés vous paraissent, nous paraissent éternelles. Elles n'ont jamais été inquiétées, ou si peu. Longtemps, on a pu en dire autant de vos grands constructeurs automobiles. Après avoir subi des chocs dont ils ont failli ne jamais se relever, voici maintenant qu'ils ont en face d'eux Tesla et ses voitures électriques haut de gamme. Elon Musk, son fondateur, a démarré dans ce secteur en fabriquant des batteries. Aujourd'hui, son entreprise capitalise plus que Renault ou que Peugeot avec une voiture qui pourtant ne peut même pas encore vous emmener de San Francisco à Los Angeles. Tesla vaut plus de 20 milliards de dollars, c'est fou. »

Et je continue ma démonstration. « Google, il y a trente ans, ça n'existait pas, c'est la plus grosse capitalisation mondiale. Apple a quarante ans, c'est la deuxième capitalisation boursière mondiale. Sur les 100 plus grandes sociétés au monde, une quarantaine d'entre elles n'étaient pas nées voici trente ans. Dans notre domaine de la biotechnologie, Gilead n'existait pas non plus il y a trente ans, aujourd'hui elle détient la neuvième capitalisation boursière dans le monde de l'industrie pharmaceutique. »

Je leur explique tout cela et je m'entends leur dire : « Voilà, on est en train de former une nouvelle société agro, nous ne sommes qu'une vingtaine de personnes mais mon but est de faire une capitalisation boursière qui soit plus grande que Monsanto ou Syngenta. Peut-être même les rachèterons-nous ! On veut être les Google de l'agriculture biotechnologique, on veut faire la révolution que Tesla va mener dans l'automobile. » Bref, je pars dans un gros délire. Normalement, ceux qui m'écoutaient parler auraient dû me sortir de la salle avec une camisole de force.

Moi-même, en quittant les lieux, je commence à penser que j'ai quand même un peu exagéré. Je me suis peut-être trop chauffé et je leur ai fait peur. Je croise l'analyste financier qui était présent dans la salle. Je lui dis : « Écoute Steve, je suis désolé, j'ai peut-être poussé un peu loin le bouchon. » Il me regarde et me rétorque : « Mais pas du tout, tu rigoles ? Nous, on était au début d'Apple, de Google, de Tesla. On a investi dans toutes ces boîtes-là. Tu en aurais dit moins que ce que tu viens de nous raconter, jamais nous ne mettions un dollar chez toi. Les gens raisonnables ne font jamais rien de grand. »

Je l'entends encore me répondre : « Soit tu veux devenir une multinationale et je mets de l'argent chez toi. Ou alors, tu as des ambitions raisonnables et modestes, alors tu ne m'intéresses pas. Ce que tu viens de nous dire m'intéresse. C'est un défi et on va risquer de l'argent chez toi. Si je perds, je perds. Mais si je gagne, je vais gagner beaucoup ! »

C'est ça, le business du risque !

Le début de la fin ou la fin du début

Tout ce que je me suis évertué à expliquer dans ce livre est inéluctable. Ce qui doit arriver arrivera. En dépit de ceux qui veulent le contrarier et comme le dit l'adage, « on n'arrête pas le progrès » ! On peut le nommer comme on le veut, ce progrès est un vrai progrès pour chacun de nous. Un vrai progrès aussi pour nos économies puisque basé sur l'utilisation de la source carbone biologique, la plus disponible et la plus renouvelable sur Terre. Diminuer les souffrances dans le monde, répondre partout aux besoins alimentaires, rendre un peu plus heureux les gens, les maintenir en bonne santé, leur permettre de vivre longtemps, n'est-ce pas là ce qui doit motiver véritablement et durablement une économie enfin mise exclusivement au service de l'homme ?

Des sociétés telles que Cellectis, Calyxt, Sangamo, Bluebird Bio, Editas, Intellia, CRISPR Therapeutics, Precision BioSciences, toutes ces sociétés d'édition de génome plus ou moins jeunes, sont en fait des entreprises qui créent de la valeur, non seulement de la valeur financière mais aussi de la valeur humaine. Elles sont à présent des gisements de richesse et de croissance. Les gens y investissent de l'argent. Voici à peine trois ans, à elles toutes, elles ne valaient même pas 1 milliard de dollars. Elles en valent déjà environ sept fois plus aujourd'hui et vaudront dix fois plus demain.

L'industrie pharmaceutique a maintenant les yeux braqués sur nous. Pfizer, Amgen, Bayer, Merck, Celgene, Novartis, tout le monde commence à saisir les formidables capacités et ressources de ces technologies d'édition de gène. Tous ces investissements dans le monde de la recherche académique ou dans l'industrie vont se poursuivre. Les Européens traînent les pieds, mais les Chinois, eux, se sont déjà « réveillés ». Comme souvent, les Américains font la course en tête. Dans le Minnesota, Calyxt fait des pommes de terre, du blé, du soja ; Recombinetics travaille sur des vaches et cochons d'un nouveau type ; dans l'Iowa, DuPont de Nemours investit dans le maïs. Tous et bien d'autres encore se dirigent vers une croissance garantie permettant de juger que ce progrès-là est inévitable. Des centaines de laboratoires dans le monde sont sur le pont, nous ne pouvons qu'avancer.

Bien sûr, ces nouveaux chemins ne seront pas empruntés sans encombre. Il y aura des déceptions, des faillites peut-être, des fausses pistes sûrement. Beaucoup de nouveaux espoirs surgiront qui fatalement n'iront pas sans contrariétés, déceptions et impatiences. Combien de temps faudra-t-il attendre ? Deux, cinq, dix ans ? On ne sait pas trop. Devant ce nouveau type de technologie qu'ils ne savent guère encore comment qualifier, nos gouvernements paraissent souvent tétanisés. Alarmés par des chercheurs en mal de médiatisation et de médailles, certains voudraient déjà légiférer.

L'Europe une fois encore fait montre de frilosité. Refroidie il est vrai par les expériences mitigées du passé, en particulier sur la régularisation de la transgénèse et des OGM en général. Les réflexions éthiques ont fini par faire oublier tous les bienfaits que pouvait engendrer pour notre humanité ce progrès. Dans cette Europe, sera-t-on étonné de voir la Grande-Bretagne faire cavalier seul, ouverte à toutes les avancées thérapeutiques qui se profilent ?

La plupart des scientifiques font leur travail, ne se posent pas trop de questions, ils font avancer la science. Le chiffon rouge est agité par quelques chercheurs qui passent plus de temps dans les salons et les médias que dans leurs laboratoires. On dit souvent en faisant appel à Rabelais que « science sans conscience n'est que ruine de l'âme ». Je pense au contraire que la science s'est toujours faite sans conscience ! Qu'elle a rarement été la ruine de l'âme et que l'homme s'en est, à chaque fois, remis.

Le feu a sans doute causé pas mal de malheurs, mais finalement, depuis son apparition sur cette Terre, nul ne contestera qu'il a apporté beaucoup plus de bienfaits à l'homme que de dommages. La radioactivité ? On peut en dire aussi ce que l'on veut : malgré les Tchernobyl et les bombes atomiques, l'énergie électrique fournie par cette radioactivité ou son apport dans la radiothérapie aura généré plus de bien que de mal. L'invention de la roue a permis l'invention des chars et aujourd'hui de nos voitures, qui peuvent bien sûr écraser chacun de nous. Qui peut contester cependant que cette roue, si je puis dire, nous aura permis de faire bien du chemin ? L'invention de la lame aura fait, sans doute, aussi disparaître bien du monde. Mais nous avons tous des couteaux chez nous pour cuisiner et manger. Bref, les exemples ne manquent pas. Énormément d'innovations technologiques se sont faites sans conscience et sans ruiner notre âme collective.

Nous avons quitté ce temps de l'innocence bien avant la bombe atomique. Simplement, ce qu'elle a apporté à l'époque d'Einstein, c'est la prise de conscience chez l'homme qu'il pouvait s'autodétruire. Jusque-là, l'homme n'en avait jamais eu conscience. Alors, pour la première fois, on s'est dit : « Tiens, on peut peut-être se faire disparaître de la Terre tout seuls comme des grands. » Aujourd'hui, c'est une autre prise de conscience que nous sommes tous appelés à réaliser. Nous découvrons que l'homme peut disposer de capacités à se réinventer, à réécrire sa vie, la vie.

Maîtriser la vie, créer la vie : on constate que les premiers organismes artificiels ont été élaborés, que la biologie de synthèse, pour l'instant encore à ses débuts, va envahir l'homme au fur et à mesure. Des organismes issus de l'intelligence humaine, totalement synthétiques, vont être fabriqués à partir de molécules chimiques. L'homme sera de plus en plus une cible pour les technologies de façon à améliorer tout simplement son bien-être. Il va évoluer, non pas en fonction d'un destin prédéterminé ou imposé de l'extérieur, mais avec son plein consentement.

Enfin, et heureusement, a surgi aussi chez lui une prise de conscience de plus en plus forte des traces dévastatrices qu'il laisse sur cette Planète, sur son climat, ses terres et ses eaux.

Cette prise de conscience ne pourra que s'amplifier avec ces technologies de « re-création » de la vie, celles qui permettront d'éditer ou de composer la vie. L'homme va pouvoir réparer les dégâts qu'il cause – sans exclure d'ailleurs qu'il en commette d'autres –, redonner vie à des espèces qu'il a effacées comme dans *Jurassic Park.* Cet homme-là sera dans la quête d'une meilleure osmose entre lui et la nature, d'une meilleure adaptation à cette nature qu'il a façonnée depuis sept millions d'années.

Il faut toujours se souvenir que la science se crée de façon libre et débridée. Un exemple récent : des virus comme Zika qui sont transmis par des moustiques. Ce n'est pas un phénomène spécialement nouveau, mais on en parle davantage, on en a plus conscience. On va voir apparaître des *ADN drive,* des drives de gènes pouvant à toute vitesse modifier une population de moustiques par conversion génique. Ce drive de gène pourrait éventuellement arrêter aussi le chikungunya, le paludisme, mais aussi modifier l'environnement dans lequel on vit.

À une très grande vitesse, l'homme va pouvoir s'adapter et adapter n'importe quelle espèce à son environnement, lui-même changeant. Éviter une nouvelle crise du phylloxéra, une nouvelle grippe espagnole. Il pourra réécrire les choses, stopper cet anti-darwinisme humain, modifier le cours de son destin au gré des réécritures de son génome. Fatalement, la question est posée : irons-nous jusqu'à vouloir toucher notre lignée germinale ? L'homme pourra-t-il consciemment décider de modifier, améliorer ou altérer sa descendance ? Cette question se pose, dès à présent. Déjà des autorisations, en Chine, en Angleterre, sont données pour permettre des modifications de l'embryon humain. Là encore, il ne faut pas avoir de crainte. Il faut savoir affronter cet avenir-là sereinement.

Je conçois que cet avenir puisse faire peur. Nous tenons le stylo de la vie en main, nous allons écrire le nouveau scénario, nous devenons éditeurs. Nous sommes un peu démunis face à cela parce qu'on ne comprend pas bien le texte. On a su le déchiffrer, mais on n'en comprend pas encore le langage. Nous possédons l'alphabet, une grande part du vocabulaire, beaucoup d'éléments de grammaire, mais nous ne sommes pas encore capables de composer un texte.

Le langage de l'ADN n'est pas complètement connu, si bien que nous détenons un pouvoir dont nous-mêmes ne connaissons pas exactement l'étendue. Ce n'est pas grave, je suis persuadé que nous parviendrons au cours de ce siècle entamé à comprendre ce formidable langage de la vie. Cela est en train d'arriver, doucement. Les hommes sont, en ce moment, en passe de déchiffrer l'ensemble des organismes vivant sur Terre, dans toute leur biodiversité. Même les espèces disparues sont déchiffrées, l'ensemble de leurs programmes génétiques sont stockés et même mis en libre accès sur Internet.

La grande librairie de la vie sur Terre est en travaux, mais on peut déjà y accéder. On pourra composer avec ces séquences un nouvel avenir, de nouveaux textes, de nouveaux organismes. La question un peu stressante est plutôt celle-ci : « Qu'est-ce qu'on va mettre dans ces textes ? On va recopier quoi ? » Quand on synthétise, même un génome entier de bactéries, quelles bactéries choisit-on ? Notre corps étant composé de plus de cellules qui ne nous appartiennent pas que de cellules qui nous appartiennent, à partir de là, comment choisir, comment arbitrer ? Comment ? Qu'est-ce qui est quoi ? Qu'est-ce qui donnera quoi ?

On ne réinvente pas l'avenir. On l'invente. On réinvente la vie parce que la vie a déjà été inventée. On est en train de lui inventer un avenir. Une aventure passionnante parce que l'homme est à un nouveau tournant de son humanité. L'homme, ce n'est pas l'Europe, ce n'est pas les États-Unis, ce sont tous les hommes qui vivent sur la surface du Globe.

Pourquoi ai-je voulu écrire ce livre ? Parce qu'à l'instant présent, cette révolution a commencé. Qu'il est intéressant d'en prendre conscience, de la vivre, de faire l'effort de comprendre, de voir cette révolution se dérouler sous nos yeux. De ne pas en avoir peur. Nous passons souvent notre temps à regarder derrière nous tant il est difficile d'apprendre à jouir de l'instant présent. C'est maintenant que cela se passe.

Expliquer simplement des choses compliquées n'est pas une entreprise facile. Ceux qui auront lu ce livre seront ceux qui cherchent l'explication. La plupart ne veulent pas savoir, ils ne feront pas l'effort intellectuel qu'exige pareille matière. Alors, expliquer ou pas, telle est aussi la question ! Le problème, en général, avec la science, c'est qu'une explication de surface paraît souvent largement suffisante. Les médias de nos jours sont ainsi faits qu'ils ne laissent passer qu'une couche fine de connaissances qui doivent être transmises au public. Des efforts très significatifs sont réalisés dans la presse généraliste pour nous aider à appréhender la science. Nous avons une classe de journalistes de très haut niveau qui savent faire l'effort et pousser l'investigation plus loin pour apporter des connaissances de qualité à chacun d'entre nous. Les rédactions ont besoin d'être plus courageuses, oui, cela intéresse leur public. Instruisez-nous, s'il vous plaît ! À partir du moment où nous plongeons plus profond dans les explications, sachant que nous pouvons arriver à un certain niveau de profondeur réclamant que les mêmes gens aient à faire douze ans d'études pour comprendre comment cela se passe, nous les emmenons pour la plupart dans une zone d'inconfort total. Dans les deux cas, la tâche n'est jamais aisée. On prend peur.

Comment ne pas voir cependant que toutes les questions ici posées nous concernent tous et dépassent très largement le cadre strict de notre science ? Je veux le redire encore une fois : il revient aux philosophes, aux écrivains, aux historiens, aux sociologues, évidemment aux hommes politiques, bref à tous ceux qui pensent, de penser cette vie réinventée, cet avenir inventé qui se présente à nous. Enfin, et peut-être surtout, comment pourra-t-on écarter les questions posées à toutes les religions, quelles qu'elles soient ? Elles auront leur mot à dire.

Personnellement, je pense que ces religions n'ont pas besoin de l'édition du génome pour se remettre en question.

Soit on se place du côté de Dieu, soit on se place du côté du destin. Si on se met du côté de Dieu, on estime qu'Il est créateur de la Terre et de l'univers, qu'Il est extrêmement puissant, qu'Il a absolument besoin d'avoir des petits êtres présents sur la planète Terre, puis peut-être sur d'autres planètes quelque part dans l'univers, consacrant leur temps à L'adorer, à Le glorifier, Lui dire qu'Il est absolument génial. Si on croit que, finalement,

Dieu maîtrise tout, crée tout, par conséquent c'est Lui qui a pensé au découpage génomique, sachant que c'est Lui qui a inventé l'ADN, l'homme, la femme. Il a tout inventé ; donc, si l'homme se met à jouer avec son génome, c'est avec le génome de Dieu qu'il est en train de jouer. Et, étant la création de Dieu, tout ce que fait l'homme ne peut s'accomplir que sous son contrôle et conformément au destin que Dieu lui a choisi. Et même si on refabriquait un dinosaure ou des mammouths, c'est que Dieu l'aura bien voulu puisque Dieu est super fort et qu'à la base Il voulait cela. Le plus sympa, c'est quand on Lui dit qu'Il est super génial et qu'on va Le louer tous ensemble à l'église, au temple, à la synagogue, à la mosquée. Comme ça, Il est très content, Il ne se fâche pas, Il ne fait pas tomber des éclairs sur nos têtes et il n'y a pas des sauterelles qui arrivent, qui nous mangent les récoltes parce que Dieu est super fâché parce qu'on ne s'est pas assez prosterné ou, pire, qu'on L'a ignoré.

Si cela plaît aux gens de croire ce genre de choses, c'est très bien, le débat est clos. L'option Dieu est simple, pas de prise de tête. En revanche, si nous nous plaçons du côté du destin, il nous faudra continuer à débattre et nous interroger. Revisiter Darwin, refaire un tour du côté de Lamarck qui n'est pas qu'une station du métro parisien, nous intéresser à toutes ces théories qui émergent et nous interpellent. Il nous faudra savoir si nous sommes tous toujours condamnés à mourir. Ou imaginer et accepter que seules les espèces les plus habiles, en fonction de l'évolution de la vie, finiront par se voir promettre la survivance…

Nous pouvons désormais réécrire notre destin, mais est-ce le destin encore s'il peut être réécrit ?

Table des matières